U0393309

电脑动画前期设计

The Prophase Design of Computer Animation

孙 进 著

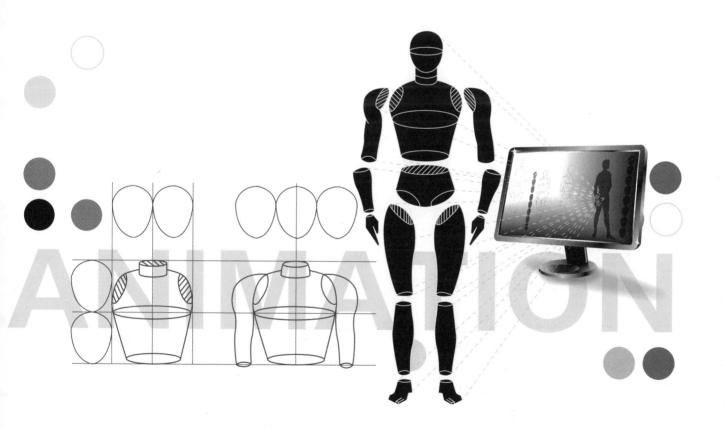

中国轻工业出版社

图书在版编目(CIP)数据

电脑动画前期设计／孙进著.—北京：中国轻工业出
版社，2014.7

ISBN 978-7-5019-9792-3

Ⅰ．①电… Ⅱ．①孙… Ⅲ．①动画–设计–图形
软件 Ⅳ．①TP391.41

中国版本图书馆CIP数据核字（2014）第116863号

责任编辑：毛旭林
策划编辑：毛旭林 责任终审：张乃东 封面设计：锋尚设计
版式设计：锋尚设计 责任校对：晋 洁 责任监印：张 可

出版发行：中国轻工业出版社（北京东长安街6号，邮编：100740）
印 刷：北京顺诚彩色印刷有限公司
经 销：各地新华书店
版 次：2014年7月第1版第1次印刷
开 本：889×1194 1/16 印张：7
字 数：180千字
书 号：ISBN 978-7-5019-9792-3 定价：38.00元
邮购电话：010-65241695 传真：65128352
发行电话：010-85119835 85119793 传真：85113293
网 址：http://www.chlip.com.cn
Email：club@chlip.com.cn
如发现图书残缺请直接与我社邮购联系调换
111481J1X101ZBW

主编单位

深圳职业技术学院动画学院

苏州工艺美术职业技术学院数字艺术系

中国美术学院艺术设计职业技术学院影视动画系

北京工商大学艺术与传媒学院

北京漫智慧动漫投资顾问有限公司

编委会（以姓氏笔画为序）

主　任：任千红

副主任：陆江云　濮军一

编　委：于志伟　王　彤　毛　颖　孙　进　吕燕茹

　　　　李卫国　李　洋　杨宏图　杨　皓　吴宏彪

　　　　吴垚瑶　余伟浩　陈俊海　洪万里　晏强冬

　　　　徐　铭　高慧敏　蔡卓楷

出 版 说 明

　　本套"高职高专影视动画专业应用型特色教材"由深圳职业技术学院动画学院、苏州工艺美术职业技术学院数字艺术系、中国美术学院艺术设计职业技术学院影视动画系、北京工商大学艺术与传媒学院和北京漫智慧动漫投资顾问有限公司联合主编，由"国家级精品课程"和"国家示范性高等职业院校示范专业"主讲教师担任主编，集结了中国当下高职高专影视动画专业教学领域的优秀师资力量和动画市场领域的行业专家，组成了一支一流的编写队伍。

　　整套教材的编写切实把握高职教学特色，书目紧密配合动画教学课程设置，每本教材都从市场发展、行业动态、人才需求等各个角度，对动画专业的知识体系构架、专业操作技能和教学实践流程等内容进行科学、合理、务实的阐述。教材内容紧扣"应用性"和"实践性"，注重对具体步骤讲解、实践操作演示等方面内容的全面、深入展开，能起到切实有效的示范和借鉴作用。全套教材图文并茂，行文简洁，设计精美，将为高职高专动画教学提供切实的帮助和有益的借鉴。

序言

随着电脑动画技术的成熟和普及，越来越多的人能够利用个人电脑创作出画面精美的动画作品，用动画作品来表达自己的想法和情感。只要肯花时间、用心制作，作品的面貌甚至堪比美国的商业大片。许多动画爱好者正是抱着这样的想法投入动画的创作。对于受过正规的美术、动画和电影语言训练的朋友来说，解决软件问题其实并不是一件难事，然而对于那些半路出家的朋友来说，同时具备多种能力却不是一件容易的事情。我们会发现，尽管软件技术掌握已经很熟练了，还是会有很多的困难制约着我们的创作，这就是动画片的概念设计的电影视听语言的问题。尤其是概念设计，它经常会成为很多动画爱好者学习过程中的瓶颈。这个时候，很多人回头寻求艺术上的突破。但这方面的书籍有很多，说法不一，这让很多朋友感觉有点无从下手。大家通常的办法是选择临摹优秀作品，但临摹只能解决一部分问题。很多朋友会有这样的感受，就是临摹一些作品问题还不大，一旦面临自己创作，就有点无从下手了。这是因为在临摹和创作（自己设计）之间存在着一个很大的鸿沟需要跨越，二者之间存在着诸多差异，需要学习者不断地尝试和练习，这个过程需要有计划、有步骤地去积累和提高。同时，我们还需要从动画创作的视角来思考角色、场景等设计之于影片的意义。本书将给大家提供这样一种途径，为朋友们学习动画前期设计提供一些必要的帮助。本书的新意在于，它不单单是给大家提供前期设计方面的帮助，还会让大家了解更多的电影创作方面的知识，带大家实现自己的动画梦想。

在创作动画作品的时候，我们还会遇到很多障碍，即使做出了漂亮的模型，还是会遇到很多问题，让我们感到无所适从。因为无论是造型、场景设计还是分镜头，都不是仅仅靠软件技术能够解决的，更多依靠的是艺术感悟力。本书从这些薄弱环节出发，为朋友们系统地介绍关于概念设计和视听语言方面的知识。

通常一部影片的前期设计包括角色造型设计、场景设计和道具设计三大部分内容。本书从动画前期设计的美术基础知识出发，之后谈到角色设计的要素、角色在电影中的作用以及场景和道具的设计方法和对于影片叙事的重要作用。之后还讲到了关于镜头的设计和镜头运动的内容等。当然，本书不是泛泛地一路谈过去，我们的侧重点将放在前期概念设计和中期的动画调节上。同时还会给读者朋友提供一些非常实用的技巧和方法，帮助大家拓宽思路，解决问题。祝朋友们早日创作出令人满意的动画作品！

contents

目录

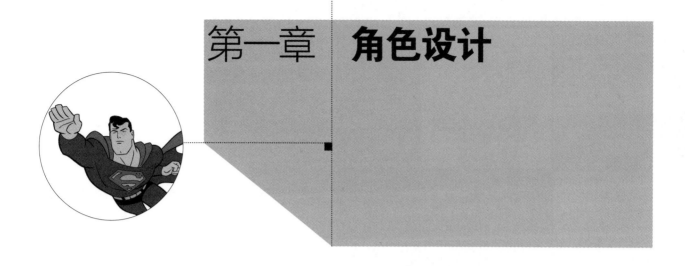

第一章 角色设计

在一部动画片中，除剧本外，最重要的恐怕就是影片美术风格的设计了，也就是我们通常所说的概念设计。它让一部影片从漫无边际的想象变为真实可感的现实，将我们头脑中朦胧的感觉化为生动逼真的画面。这是一个十分需要创造力的过程，也是一部影片最关键的前期设计内容。

第 一 节 角色绘画基础

在谈及具体的角色设计之前，我们先来考虑几个重要的问题：角色之于影片的关系到底是什么？我们根据什么来确定影片中的角色呢？更宏观地思考一下，我们是依据什么来设定整个影片的视觉风格的呢？这种风格会对我们影片的主题产生什么样的影响？我们将带着上述问题，进入下面的章节。

一、角色设计综述

在此，不妨把电影的视听语言给大家简单介绍一下，让大家对电影的语言有一个大致的了解。视听语言包括视觉和听觉两大部分，听觉部分暂时不提，我们主要来看一下视觉语言都包括了哪些内容。在电影里面，视觉内容主要包括：人物、景物、器物、光线和色彩等元素，它们构成了电影最重要的视觉元素，电影画面里的所有内容，逐一归类，都可以纳入上述五个大类别之中，其中最为重要的是影片中的人物（角色）的塑造。我们看一部影片，看的主要内容就是关于"人"的故事，人物（角色）是一部电影中绝对的视觉主体。这是由人本身的特性决定的，因为人通常最理解人类世界的情感，也能通过人类世界的情感和语言来理解和解释身边的世界。任何"故事"都只能按人理解的方式来构成为"故事"，故事中"人的因素"一定占主导故事的中心地位，"人"是电影要表现的绝对视觉中心。在动画影片中，上述关于"人"的表述尤其富有意味，它会让我们直观地见识到，"人"的概念被投射到多种多样的卡通造型身上。在动画片中，"人"的表现形式变得极为丰富，它可以是卡通人物，也可以是拟人的动物、拟人的器物和并不存在的创造物。但无论怎样变化，归结起来，它还是用不同样式的角色来表现人物的情感。这些角色

图1-1 观众要"以貌取人"

必须具有类似人的传情达意的手段，否则整个影片将变得无法解读。关于电影中"人"是绝对主体的问题，看似是无谓的争论，似乎是饶舌的废话，但它却是我们如何来看待电影的一个重要的哲学命题。对于这一问题的理解，有助于加深我们对电影的本质的理解，对创作也会产生极大的启发作用。

在电影中，观众是一定要"以貌取人"的，人物的相貌在电影中是一个至关重要的因素，因为相貌是创作者传情达意的一个重要的手段。尤其是动画片，塑造人物最主要的手段是对人物的特征进行夸张和放大，而这种夸张和放大的根由来自于人类最基本的审美观。我们可以列举最直白、最简单的例子来证明这个观点（如图1-1）。比如：俊朗、方正的面容往往是正义的化身，而尖嘴猴腮通常是阴险邪恶的化身；漂亮的面庞往往是善良的化身，而蠢笨的面容往往是自私卑鄙的化身，这是我们司空见惯的电影模式。当然，现在的电影不会再像过去一样脸谱化，许多优秀的演员都拥有一个看似并不出众的相貌，一样可以塑造很多正面的人物。但问题的重点不在于此，重点在于英俊、漂亮是怎样与正义、善良这些美好的属性搭上界的，而丑陋、肥胖又是怎样与邪恶、愚蠢这些贬义的属性画等号的。这是一个非常值得深入思考的问题。

在现实生活中，相貌与人物性格品质之间并不存在着天然联系，但并不代表人们在现实生活中的交往会不受外貌的干扰。这在很大程度上是由人的生物属性决定的，人的审美观很大程度上来自于原始的性需求。当然，这种需求在人类社会发展过程中逐渐经历了变迁，从纯粹的生理实用功能转化为社会文化功能。随着全球社会文化的趋同，人们的审美标准也逐渐走向趋同。纵观历史，中国古代审美观与现代审美观是存在着很大差别的，更不用说东西方之间存在的审美差异。远的不说，就看中国近五十年的审美变化，就会让人感觉变化十分明显（如图1-2）。

通过图1-2的比较，可以感受到明显的审美取向的变化。这种变化与大众文化和审美观的变迁有着密切的联系。中国人的审美情趣越来越与世界主流文化趋同，而这种趋同在三十年前还是对立的。谈这个话题的主要目的是希望读者能够更多地思考一下角色设计背后的事情，不能一味地临摹，要能够通过角色表面的现象，看到其背后隐藏的审美文化，体会它的成因，并把握其脉络，这样我们的设计才能摆脱东拼西凑的过程，走出一条独特的创新之路。角色设计一方面是宏观的，它牵扯到角色的立意问题；另一方面它又是具体的，具体到了一些绘画的基本常识。我们一方面要懂得去体会它与一部影片之间的关系，另一方面还要具备基本的美术表现和设计方面的技巧。

20世纪70年代　　20世纪80年代　　20世纪90年代　　21世纪

《白鹿原》的前世今生　图1-2　审美变迁

　　下面我们分别从角色设计的美术技巧和设计思路两个方面来加以论述。

　　首先是关于美术方面的技巧。在练习画动画角色之前，应当先来学习一下真实的人物比例和透视关系，这对我们的创作有着非常重要的意义。因为所有的卡通形象都是在正常的人物比例身上进行的夸张和变化，如果我们不能够了解真实的人物形体比例关系，就不能够清楚地看到卡通角色究竟是如何对人的形体进行概括和夸张，也就不能够了解夸张和变形的乐趣和意义所在。同时，只有在练习绘画真实人物和真实人体时，我们才能够清晰地发现自己绘制的错误。因为我们对真实人物的比例关系最为熟悉，只要画错一点点，就会感到不舒服，进而比较容易地发现问题所在。另外，除去正常的站立和坐卧等姿势外，还可以尝试着默写绘制各种人物姿势，通过默写来加强我们的绘画能力，发现自己的薄弱环节。

　　人体是一个非常精美的对象，是大自然最美的造物。在研究卡通角色前，务必要对真实人体的比例、结构、解剖和透视进行一个比较充分的了解，一方面可以提高造型的能力，另一方面更是一种美的熏陶。当我们从机械地描摹骨骼肌肉到体会到人体刚柔有致的韵律之美时，我们的艺术修养便真正地得以升华了（如图1-3）。

图1-3　人体的韵律美

二、角色比例

训练人体绘画应该先从比例入手，比例是造型最重要的能力，也是绘画者训练眼力的一种重要的方式。造型其实就是通过不断训练眼力，使眼睛能够准确地判断出形与形、线条与线条、块面与块面之间长短、粗细、大小的比例关系，进而精确地在画面上将被描绘物体表现出来的过程。比例从大处着眼，可以将被描绘物体的宽与高之间做出比较（如图1-4）。我们观察画面中的这个人体，首先要注意到的不是具体的细节，而是对画中人物从头到脚的高度与从左到右的宽度之间做一个对比，这是整个造型中最为重要的比例关系，这个关系错了，造型怎么画都不会正确。卡通绘画也是如此，卡通角色虽然头身比例与正常人存在着巨大差别，但并不意味着就可以随意处理其比例关系，它的大比例关系发生错误，形象一样会出现偏差和错误。人与人之间在体形上存在着很多的差异，有高有矮、有胖有瘦。所以创作者需要根据每一个角色的宽和高来确定它们的形体特点，同时还要把人物和人物放在一起来比较他们之间在宽和高上的差异。绘画者就是需要训练这样一双眼睛，能够通过对比，准确地找到物象之间细微的比例差异。动漫角色其实就是在这种比例关系上的强化和夸张，我们之所以看到变形很厉害的形象却依然非常生动，非常像被画的对象，甚至比照片还要像，就是因为画家们抓住了对象的特征，并把这种特征的比例关系加以足够的强化（如图1-5）。在绘画的起稿阶段，把握大的比例关系是最初的步骤，但也可以说是最重要的步骤，因为大的形体比例关系不像具体的形体比例关系那样看得见、摸得着。大的比例关系往往需要一种直觉来参与其中，作为初学者，大家可以借助铅笔、尺子等工具来进行测量，以把握形体之间的比例关系。但我们很快会发现，眼睛要比尺子、

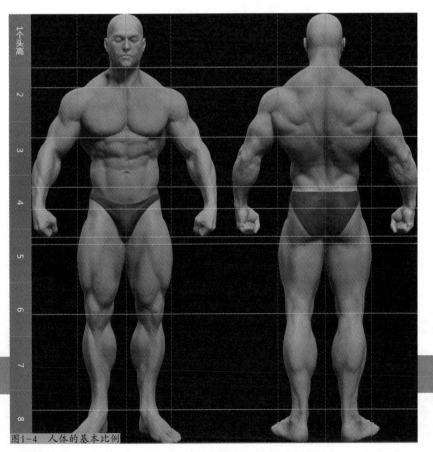

图1-4　人体的基本比例

图1-5 漫画与真实

铅笔的测量准确得多，尺子并不能够给我们以最精确的感觉。而且绘画看似是在练习手头功夫，其实更确切地说就是在练习眼力。因此，除了要多画以外，绘画者更需要多加观察。初学绘画的时候，不要怕修改，在绘画的过程中如果发现画错了，即使要从头再来也不要舍不得，要勇敢地去修改，因为每修改一次，我们的眼力就会有所提高，绘画技能就会有所增长，眼睛正是通过这样反复的修改，才获得了锻炼，让所谓的"艺术感觉"得到强化。练习多了，这种比例测量的精准会自然而然地反映在笔头上，让我们出手越来越准确。这需要一个过程，也需要绘画者具有一定的天赋。

　　人体大的长宽比例确定后，接下来要做的事情就是选择身体上一个相对合理的构件为单位，对身体的其他部分进行测量。一般来说，绝大多数学习绘画者都会把人的头部设定为一个比例单位，用它来对全身的其他部分进行测量，首先是因为头部的大小、长短都比较适合作为一个单位；其次，头部是人体中最为重要的一个组成部分，是观众最关注的重点之一。因此，通常选用头部作为身体的比例单位。我们通常说的七头身、八头身指的就是头与整个身高的比例关系。一个普通人的身高大致可以看成是由七个半头高组成。一般人的头长为23~25cm，那么人的身高就在172~185cm之间。当然，这里所说的只是一个比较典型的人物比例关系，人和人是存在着很大差别的，有的高点，有的矮点，有的头大点，有的头小点，这些因素都会对形体产生不小的影响，这样就会出现这个人的身高并不高，但看上去却比较修长，而另一个人身高并不矮，却因为头比较大而看上去很矮胖。在卡通角色中，通常就是采用比较夸张的绘画方式来修改头身的比例关系，如：通过修改头身比使人物看起来十分修长，时装漫画中人物的头部和身高的比例关系经常会被夸张成1∶9或1∶10，甚至更多。这样做的好处是让人物看上去十分俊秀或伟岸。因为在生活中，高大的人通常头身比都会在1∶8以上（如图1-6），卡通正是对这种比例进行了充分的夸张，给观众一种非常美好的感受。女士穿很高的高跟鞋，也可以有效地改变头身比例关系，进而造成一种高挑、窈窕的感觉。卡通中也会对此进行不遗余力的夸张。本书中，读者可以以八头身或九头身为标准进行练习，因为这样更加符合漫画或游戏角色设定的要求（如图1-7）。在漫画中除了通过加大头身比例关系来使人物变得修长以外，我们还会看到一种相反的倾向，就是缩小头部和身体的差异，换句话说，可以放大头部，来改变头身比。在卡通角色中，我们经常能够看到头身比1∶1或1∶2的角色设定（如图1-8），为

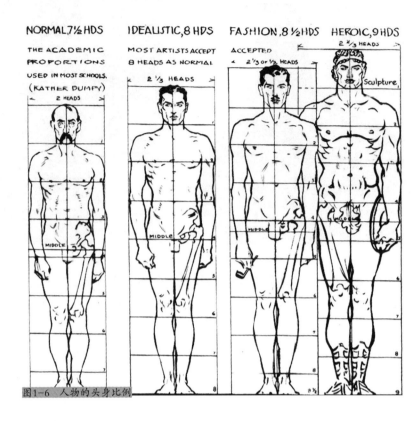

图1-6　人物的头身比例

图1-7　动漫的头身比例

图1-8　Q版的头身比例　　　　　　　　　　　　　　　　　　　图1-9　小孩与卡通比例

什么会出现这样的设定呢？这样的设定会让角色看起来十分滑稽可爱。为什么角色会有可爱的感觉呢？因为头身比1：1会让人想到婴儿或幼小的动物。小孩子是非常天真可爱的，他们的头与身体相比显得很大，四肢短小稚嫩，十分娇小可爱（如图1-9）。这种感受被迁移到卡通角色中，就是大的头身比例关系会给人带来非常有趣的感受，看上去十分俏皮可爱。在此给大家列举一批著名的卡通形象（如图1-10），希望朋友们通过认真的观察体会，来发现头身比例的变化带来的心理上的不同感受。当然在改变头身比例的同时，身体上的手脚、关节，头上的五官比例也会相应地产生一系列的变化，它们会与正常人物的比例关系之间产生重大的差异。如果仅仅是改变头身比的话，角色往往会给人带来一种极不舒服的感觉，如同侏儒，长着一张成人的面孔，却有一副矮小的身材。卡通角色之所以可爱，就是因为它们不只是改变了头身比例，它们全身的每一个细节都是按照某种比例原则进行了调整，因此我们看到的才是一个和谐的可爱的形象。这是初学者们应当非常注意的一个问题。

　　在学习卡通角色的夸张变形之前，需要先返回头来好好地研究一下真实的人体比例，然后通过真实的人物比例关系，发现卡通变形的秘密和乐趣，这样对我们的创作会更加有帮助。

图1-10　著名的卡通形象

图1-11 人体的中心点

除去头身比例关系，身体最重要的切分是上半身与下半身的比例关系。一般来说，一个普通人整个身高的二分之一处，刚好处在人的耻骨部位（骨盆底部，生殖器上方）（如图1-11）。以八头身为例：耻骨以上（包括头部在内）共四个头高，耻骨以下四个头高；膝盖下缘人致位于身体下部中间的位置；而上半身，胸部双乳头连线处大致处于上半身的中间。人体大致就是这样一个比例关系。这让绘画者能够十分容易地记住身体各大部件之间的关系，对进行默写和创作具有很重要的意义。当然这个比例关系仅仅是个参考，绝不要把它作为金科玉律，它只是为了便于我们记忆用的一个公式而已。具体到每一个人的比例关系都是不一样的，这也正是人和人不同的特征所在。因此绘画者一方面要记住这个公式，另一方面又要能够发现每一个人与人之间的不同。

在此还有一个特点需要读者多加注意，对比矮个子与高个子时会发现，他们上半身的长度基本上没有太大的变化，大致都是四个头高，但下半身却有了明显的变化——高个子的腿部，尤其是小腿明显要比普通人长很多，这也正是他们显得高挑的原因。卡通中自然不会放弃夸张这个局部的特征。通常在时装漫画中，这一特点得到了极度的夸张，上半身也被进行了一定的压缩，因此显得人物格外修长挺拔（如图1-12）。试着对比正常人体各部分的比例关系和卡通人物的比例关系，我们可以清晰地发现夸张的部位都体现在了哪里。在创作

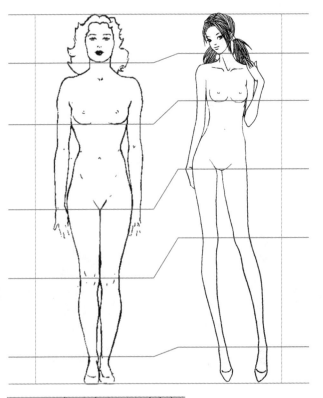

图1-12 正常人与卡通人比例关系对比

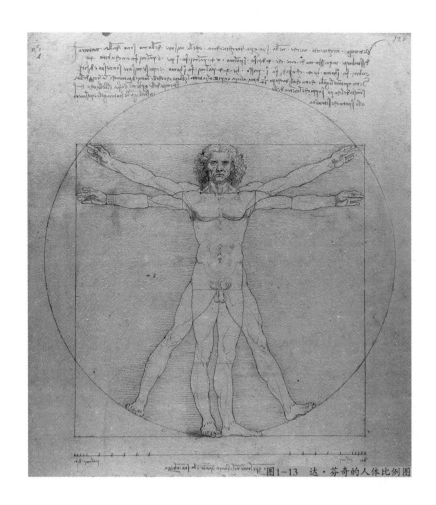

图1-13　达·芬奇的人体比例图

动漫角色时，一定要心里有数，一方面要知道都需要夸张哪里，另一方面也是更重要的是，要知道为什么要夸张，这才是学好卡通的关键所在。

　　接下来我们再来观察一下身体上的各处细节与头部和身体其他部位的比例关系。首先来看一下手臂。从肩头到手指大致为三个头长，当人的手臂侧平举时，两个手臂加上人体的宽度刚好是八个头长。我们都知道，人的臂展和身高基本等同，这是由人体的比例关系决定的（如图1-13，达·芬奇的名画）。著名画家达芬·奇曾经就人体的比例关系绘制了一幅十分经典的图画，仔细研究此图可以发现，人体各个组成部分之间的关系是如此的和谐与奇妙，这让人们有时候不得不惊诧造物主的伟大。当认识到了比例的美妙之后，艺术的大门便徐徐地向你打开了，之后我们会认识到结构，再之后还有节奏和韵律，这些都蕴含在精美的人体之中。要想成为一个了不起的画家，一定要有充分的好奇心和耐心去发现它。

　　关于更多比例上的细节，如上臂与前臂之间的关系、手指与手掌之间的关系、胸腹之间的关系等，这些请大家仔细观察来进行学习，这里就不做详细介绍了。

　　手和脚也都是人体上非常重要的器官，需要大家多做绘制上的练习，在此给大家做一些简单的介绍。手和脚的形象都需要运用概括的方式去理解，否则非常容易陷入细节而忽略掉整体关系。在最初的练习中，可以把手和脚都简化成最简单的图形，比如说手可以简化成一个扁圆的球形，脚可以简化成一个扁长的三角形（如图1-14）。这样做的目的是为了确定大的比例关系。绘画者需要记住的是手脚与身体的比例关系，以及手、脚正面与

图1-14　脚部形状的概括

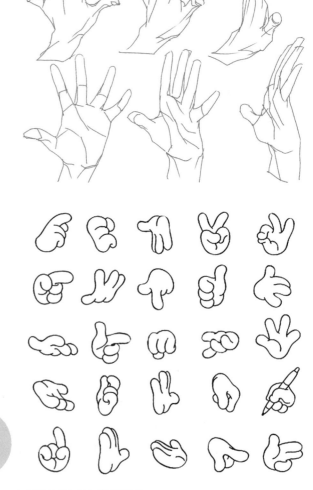

侧面之间的比例关系，同时还有大致的形状。与手相比，脚
的大形状简单一些，变化相对也比较少。在绘画时敢于大胆
概括也是提高造型能力至关重要的一点，初学绘画的人最难
做的不是勾画细节，而是不能跳出细节，从整体上把握形体
大的趋势和模样。对于手脚、头部这些细节丰富的形体来说
尤其如此。概括手脚的目的在于抓好大的比例关系、形体特
征和透视关系，以及后面要提到的动态特征。通过大的形体
的把握，才能够更加清晰地看到细节与整体的主次关系和从
属关系。在卡通绘画中，我们会发现很多形体的表现是通过
主次关系的对比来呈现的，强化主次关系的对比也是卡通创
作的一项重要原则。当然还有许多卡通创作是通过忽略细节
夸张总体形象来实现的，比如许多原本在生活中比较醒目的
细节在卡通造型中都被省略掉了，卡通的外形呈现出比较圆
滑、近似于几何图形的特征（如图1-15），这都体现了创作
者在创作过程中的取舍。

图1-15　真实与卡通的对比

图1-16　夸张的卡通细节

　　当然，跳出细节并不是说细节不重要。对绘画来说，没有细节，一幅作品往往会变得十分空洞无物，也就失去了其最感染人的地方。跳出细节不应当完全与摒弃细节画等号。当代的卡通作品有一种风格就是充分地夸张和放大细节，让细节与整体的关系形成反向的对比。让细节的趣味性充分表现出来，也会形成一种十分有趣的效果（如图1-16），绘画者要用心去体会和揣摩其中的奥妙，这会让看似枯燥的绘画过程充满乐趣。下面给大家提供一批手的临摹范本，并向大家推荐伯恩·霍加斯先生的几本工具书，他讲授的解剖和素描课闻名遐迩，他撰写的《动态素描·人体解剖》《动态素描·头部结构》《动态素描·人体结构》《动态素描·手部结构》和《动态素描·着衣人体》是学习和提高人体绘画功力的宝典。通过锻炼，相信大家很快就可以掌握熟练的绘画技巧（如图1-17）。

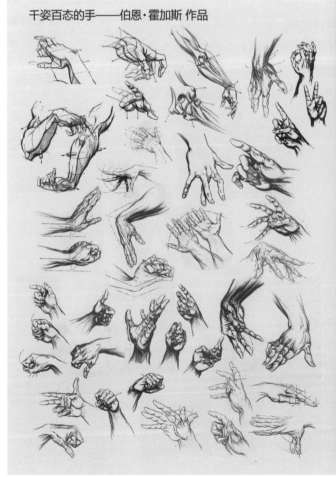

千姿百态的手——伯恩·霍加斯 作品

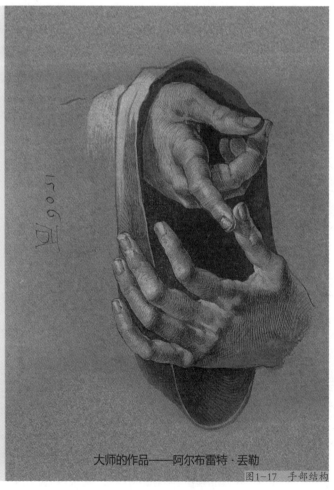

大师的作品——阿尔布雷特·丢勒

图1-17　手部结构

图1-18 近大远小

三、角色透视

接下来，我们谈谈绘画中的另外一个重要概念——透视。

谈到透视大家都知道近大远小，近高远低的规律（如图1-18），但这只是一个简单的表现。人类认识到透视，并能够准确无误地表现透视关系还是近几百午的事情，这期间经历了一个比较漫长的过程。中国直到近代，徐悲鸿等一批绘画界的先驱学习西方的写实技巧，才第一次系统地把西方的透视学引入到中国来。当然透视准确与否与艺术作品的艺术含量高低并没有直接关系。人们衡量艺术作品的标准也并不是看其描绘的物象是否足够逼真和写实。透视只是用于描摹光线透过眼晶体，在视网膜上投下的物象的自然状态，是一种类似于照相机对物象的反映（如图1-19）。透视对写实绘画来说十分重要，人的眼睛正是通过透视中物体的"形变"来感知物体的体积、空间、方位等信息的。反过来写实绘画正是通过在一个平面上人为地制造"形变"的错觉，而让眼睛感受到真实的立体空间感的。透视说复杂，它的计算方式十分复杂，而且在人的头脑中还会对视网膜获取的信息进行一系列的修正，通过简单的几何求解并不能得到最佳最理想的透视"形变"（如图1-20）。但是说简单，透视又十分简单，它只要符合我们的视觉习惯，看着舒服就可以了，并不需要用测量仪器进行分毫不差的测量。当然，造型能力越强的人，他们的直觉就会越敏锐，画出来的物象就会越精确，甚至比计算出来的还要精确，所以我们才能够看到比照片还要精准的绘画作品。这种直觉听上去似乎很神秘，其实它也是通过不断地绘画练习锻炼出来的。尤其是对比例关系的练习，通过眼力对比远处与近处的边线长度的变化，以找到透视的规律。

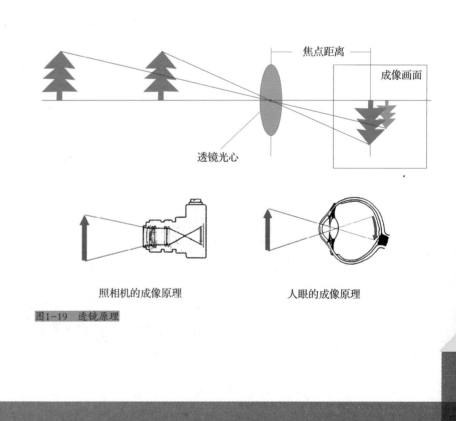

照相机的成像原理　　　　人眼的成像原理

图1-19 透镜原理

自然拍摄的透视

主观修正过的透视

图1-20 人眼对透视的修正

图1-21 理解透视

　　在很多教材中都会对透视进行介绍，因为这些内容是一个人学习绘画入门的基础内容。但每个人对绘画的理解不同，导致其对透视的理解也会产生很大偏差。有的过于随意，有的则过于理性。当然很多学习卡通的朋友对这些枯燥的内容并不感兴趣，大多数朋友是从临摹学起的。临摹的时候，绝大多数朋友并没有对透视的概念特别在意，这也是临摹和写生最大的差别所在。临摹的时候，被临摹的作品如果优秀，绝大部分透视的问题会在原作中得到很好的解决（如图1-21），临摹者如果不动脑筋，被动地描画的话，在画中仅仅解决一点比例方面的问题，就可以得到很好的画面效果，这也会给初学者造成一定的错觉，认为自己的绘画基础已经打好了。然而，当其试图自己创作的时候就会发现，连人物最基本的一些动作都搞不定。为什么呢，因为当他设计一个动作的时候会发觉，自己画的头、胸、腹，四肢、手脚等，怎样摆放都会有一些别扭，但又说不清问题出在哪里，其实很多时候，就是出在了透视不准确上。

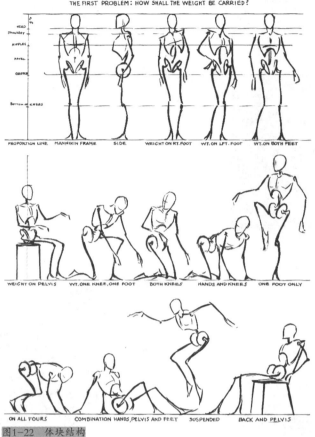

图1-22　体块结构

四、角色动态

在角色动态方面，我们先要讲一讲人体的体块关系。人的身体大致可以看作是由三个大的体块和一些小的零件构成的，这些体块既可以把其理解成是三个方块，也可以把它们理解成三个球体，当然也可以把它们稍稍细化一些，让它们拥有自己形状的特征（如图1-22）。通过对几个体块的不同朝向产生的透视变化加以研究，我们就比较容易找到人体在不同姿态中的透视变化了。通过这些体块不同的透视变化，还可以设计出很多人物的动作，在这些体块的基础上稍加细化，就能够得到想要的人体动态图了。画动漫的时候常常会用到一个小木偶人，道理其实也是如此（如图1-23）。但这个木偶人只是给了绘画者一个外在的帮助，真正的造型能力需要在心里建立起这样一个木偶小人来，才会随心所欲地创造自己心目中最美的姿态。

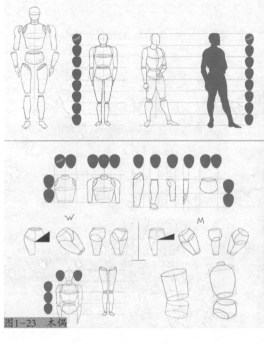

图1-23　木偶

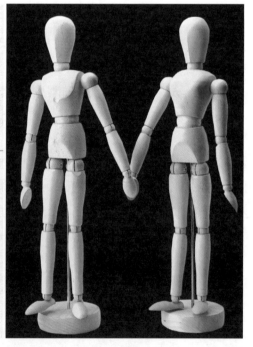

图1-24 人体的韵律

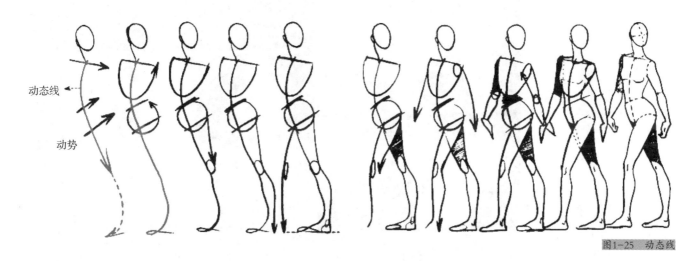

动态线

动势

图1-25 动态线

　　说到姿态，还有一个重要的概念需要引起大家的注意——动态线。人的身体是由多个曲线构成的，连接头、胸、臀之间的脊椎就是一条非常优美的曲线，这条曲线让人体看起来凹凸有致，起伏跌宕。当然这种自然的曲线并不是为了优美而形成的，而是为了头、胸、臀等几大体块在运动时能够产生缓冲，减小运动对脏器造成的冲击。在大幅度的运动中，人体的这些曲线往往会构成一种十分和谐的韵律，这种韵律犹如音乐的旋律，或悠扬、或铿锵，带来十足的美感（如图1-24）。在这种运动的旋律中，往往会隐含着一段"主旋律"，即大的运动趋势，不管细节怎样变化，所有的力量都会向着一个目标去迸发。这是绘画艺术带给人的真正美感，它来自于物象，却在此基础上得到了质的升华和飞跃。这种动态性是一种比较抽象的概念，它并不来自于身体的某根线条，却主宰着整个身体的动态，初学者需要多多地用心去体会。在卡通绘画中，往往会极力地夸张人物的动态，会用非常形象和直观的方式强化动态的效果，在后面将要谈到的动画中尤其如此（如图1-25）。

　　动态线虽然较为抽象，但并不是无从下手。通常它都是在强化两臂、脊柱线和腿部构成的姿态。人在重力的作用下呈现出一种平衡的律动，人物的重心在整个人物的姿态上起到了重要的调节作用，人体的一招一式都是围绕着这个重心做调整。在练习时需要注意到重心对肢体动作所产生的影响，同时注意重心与平衡对人体韵律的影响。在动画作品中，人们之所以能够产生沉甸甸的感觉，就是因为塑造动作的过程就是一个一直在捕捉重力作用的过程，是组成人体的各个结构之间在重力的作用下的一种有韵律美的律动。大家可以参看一下著名动画家Ryan Woodward的Thought of you（如图1-26）。

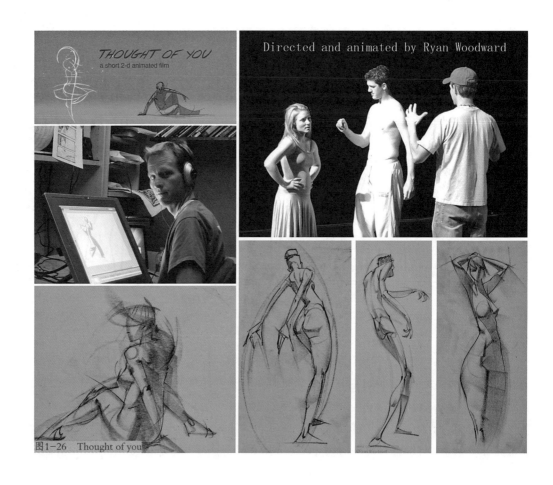

图1-26　Thought of you

五、角色结构

谈到这里，又要引起一个新的话题，那就是人体结构。绘画者仅仅是对比例、透视、动态等有了一定的了解，还不足以绘制出一幅优美的人体动态图画，也许临摹还可以描写一个大概，但写生或创作肯定是远远不够的，因为还缺乏一段很重要的知识内容，那就是人体结构。有人可能会认为，我们又不是搞纯绘画创作的，需要对人体结构和人体解剖有那么深入的了解吗？这是很多初学者都会问到的一个问题。为什么会问到这样一个问题呢？首先，初学者们往往是从画卡通学起，绝大部分绘画经验还都只是停留在临摹卡通的经验上，对写实人物的绘画比较陌生，似乎觉得真实的人物写实对卡通的设计并没有什么太大的帮助。另外，人体解剖和人体结构的领会是绘画者面前的一座大山，对任何一个想从事绘画的人来说都是一个有挑战难度的课题。在研究人体的结构和艺用人体解剖方面，相关的书籍可以说是汗牛充栋，从文艺复兴时期的绘画大师，到现代的学院美术教育都会把人体解剖和人体结构作为重要的美术基本功来加以训练。很多喜爱漫画的朋友多数并未经历过相关课程的训练，或者仅仅画过一些应考的头像、静物等，这对卡通角色的创造是远远不够的。好的概念设计师，首先就应该是一名绘画高手，能够按照头脑中的想象任意安排人物的动态和角度，能够任意夸张角色身体的某个结构特征，人体的各个构架在概念设计师手里都成为了被加工和创造的元素。人体结构和解剖之所以分开来描述，是因为人体的解剖并不等同于人体的结构，你可以通过背诵记下每一块肌肉的名称，但绝不等同于你掌握了人体的结构。

人体的结构主要由两个大的部分组成：第一是肌肉（组）和骨骼在人体上体现出来的几何化的外形。绘画者需要在头脑中建立起一个清晰的立体的模型，能够清晰准确地描述形体的转折、穿插、组合和轮廓，要能够清晰地在头脑中构建出形体的大的体块形状，甚至还可以精确地在头脑中描述出每一块骨骼和肌肉的形状，这才算是真正地掌握了结构的形状（如图1-27）。第二是骨骼和肌肉的关系。要真正地了解它们做功的原理，了解肌肉牵动骨骼运动的原理，了解肌肉与骨骼的结合方式，了解主要肌肉的起点与终点的位置，甚至还需要了解各组肌肉是如何协同工作的，工作时会产

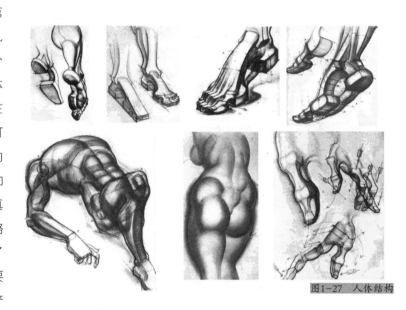

图1-27 人体结构

生哪些形变。在学习结构时，人们最容易犯的错误是把结构的形状理解为一个平面的肌肉的形状，我们看到的肌肉貌似一条一条平滑的肌肉，其实每一块肌肉都有其自身的形状和转折，尤其是一组肌肉组合在一起时，会形成一个大的形状，这个形状并不是肌肉简单的

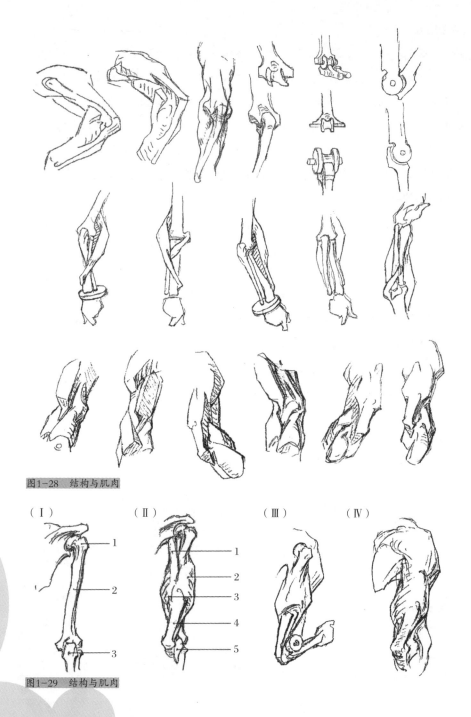

图1-28　结构与肌肉

（Ⅰ）　　　（Ⅱ）　　　（Ⅲ）　　　（Ⅳ）

图1-29　结构与肌肉

叠加，而是有着巧妙的穿插关系（如图1-28）。在学习人体结构时，最重要的不是记住一个上臂都有哪些肌肉，而是这些肌肉组成了一个什么样的大的外形（如图1-29），应该用一个什么样的方式来理解这些外形，这些外形如何来概括，如何找到结构的咬合关系，这才是最为关键的一步。在之前的教学中，经常能够看到有的学生很用功地去临摹各种解剖书上的人体肌肉，画了很多，但总是得不到要领，最主要的原因就是没有注意到超越具体的肌肉之上的大的形体结构。当然反过来也是错误的，有的学生只是了解了人体的大的外形，每次画的时候都是概念性地、机械地重复那些背诵下来的大的块面，并不能真正地把块面与肌肉的穿插联系起来，这样画出来的东西会很空洞，千人一面。在学习的过程中，没有什么捷径可走，踏踏实实地沉下心来，认真研究人体结构上这种构成的美感和趣味，认真地去理解结构的形体关系，把结构之间的咬合关系吃准、吃透，才能够真正地成为一名绘画的高手。

当然，在初学的时候不求能一朝通达，每个人在学习解剖和结构的时候都需要一个顿悟的过程，这是一个使素描功力提升到新的层次的过程。这个过程中大量的写生、临摹环节必不可少。人体结构的石膏像是研究结构的一个非常好的工具，优秀的书籍当然也是必不可少的辅助材料。《伯里曼人体结构》这本书是学习概念设计的朋友一本圣经级的读物，这本书的最大优势在于它把人体上每一个大的结构都概括成为一个非常清晰地咬合在一起的几何块面，对初学者理解结构的关系十分有帮助。同时，书中对肌肉与骨骼的结合关系，交代得也十分清楚和概括，让人很容易理解结构与结构间的结合。同时它还对肌肉做功的原理给予了形象的比喻和描述，让读者不但了解了静态的结构，还能够了解到肌肉动态的变形原理，是一本不可多得的好书。当然，单凭这一本肯定是远远不够的，还有很多优秀的书籍可以借鉴，如安德鲁·路米斯的《人体素描法》也是一部历经几十年的经典作品。除此之外，还可以去网上找到很多优秀的教程（如图1-30）。总之，既然选择了绘画，选择了自己热爱的动漫艺术，就一定要扎扎实实地，一步一个脚印地前行，在葆住绘画兴趣的同时，尽量走得深一点，远一点。

在谈到人体结构时通常会提到解剖，在上面的文字中也多次讲到了解剖，并强调解剖与结构概念的异同之处。那么解剖还需要关注那些问题呢？解剖分医用和艺用两种不同的用途。艺用主要关注人体肌肉骨骼的形体特征以及运动的机理，它十分强调外形的变化和形体特征。医用更多服务于医疗诊断，并不在立体和空间变化上有过多追求。因此我们不能随便地把医用解剖的素材当成绘画用的素材。另外在学习解剖的时候，主要需要记住的是大的肌肉产生的形体上的特征，而非事无巨细地记住每一小块肌肉和骨骼的名字，随着对人体结构掌握得越来越熟练，小的细节的肌肉自然而然就会记住，学习中切不可舍本逐末。

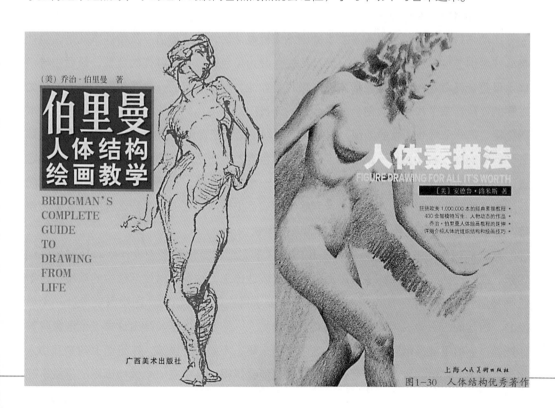

图1-30　人体结构优秀著作

在学习人体解剖时，建议大家同时去了解动物的解剖知识，在学习的过程中，一定会有非常多的惊喜的发现。你会看到大自然的造物是多么神奇和不可思议，会看到动物骨骼肌肉与人体之间密切的联系，会发现同样一块肌肉，在动物身上发生了有趣的变化，这种变化又与动物自身的运动特点有着密切的联系。反过来，我们又能够通过这种差异来更加深入地理解人的骨骼肌肉的运动特点，甚至可以体悟到骨骼和肌肉形状的成因，与此同时还能够体会到人体的结构是如此优美，是造物主最完美的艺术作品。我们还可以再用写实的人体来对比卡通中的人体，欣赏卡通艺术家在卡通角色的创作中都运用了哪些独具匠心的手法，用了哪些漫画的夸张的处理手段来展现人物优美的身体结构。通过这种比较你会发现，原来看似容易的卡通画忽然不再是那么简单了，那些卡通绘画大师原来个个都曾是位素描好手，他们笔下的人物结构洗练、准确，而又富于韵律美。美术是陶冶人的情操、提升人的品位的艺术，它正是这样通过潜移默化的手段，让人逐渐在绘画训练过程中，成长为一个美的感悟和创作的高手。

对于绘画的初学者来说，对人体结构的系统掌握是摆在面前的一座大山，让很多朋友望而却步；然而，要想成为一名优秀的概念设计师，这一切都是必须掌握的基础，这是一道门槛，只有跨越过去才算是拿到了一张进门的入场券。等在后面的还有更多的关于设计方面的内容，需要我们去探索和追求。

第 ❷ 节　角色设计基础

下面我们来谈谈卡通角色的设计问题。在动画片中谈到美术风格，首先想到的就是角色设计，设计内容包括角色的相貌、性格、穿衣戴帽等。

一、角色的性格表现

在动画筹备的前期，当有了故事的剧本或梗概之后，导演最迫不及待的事就是希望能够尽快看到各个角色的草图设计。设计师往往会为角色设计各式各样的造型，最后由导演确定最符合其心意的剧中角色形象。电影也是如此，剧本确定后，导演头脑中考虑的最为重要的任务，就是找到诠释角色的最合适的演员。对于演员的气质、相貌和性格特点的准确把握，是一个导演功力的体现，也是导演对剧中角色把握能力的体现（如图1-31）。那么如何来判断一名演员是不是最符合剧中的角色呢？换句话说，动画片的导演如何来确定设计的角色是否符合剧本中的要求呢？这既是一个技术问题，也是一个艺术问题。需要思考演员在影片中的作用到底是什么，到底需要演员来表演什么、通过什么样的方式来表演等。这些问题是进行角色设计需要着重思考的问题。

在一部动画片子中，角色的气质和内涵几乎完全需要依赖概念设计师对角色的深刻理解。在吃透的同时，还能够通过形象的语言表达出来，这需要对生活敏锐的观察以及对绘画技能的熟练掌握。试想一下，如果一个要求摆在了你的面前，剧中需要设计一个傲慢的、阴险的、伪善的但同时又有着高贵身份的人，你头脑中能勾画出这样一个形象吗？你能通过你的画笔，活脱脱地表现出这个人物来吗？不妨拿起画笔，在纸面上勾勒几个人物尝试一下。在概念设计入门之初，大家很可能会觉得心目中有一个模模糊糊的感觉，却

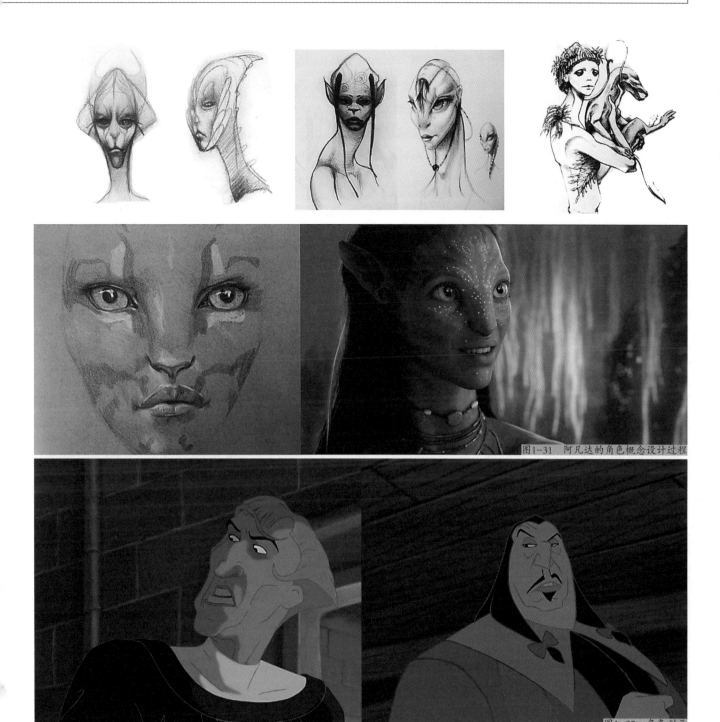

图1-31 阿凡达的角色概念设计过程

图1-32 角色刻画

很难具体凝结成为一个生动的形象，这时大量地参考优秀作品是取得进步的最佳途径。
上面提到的这个人物形象，可以从《钟楼怪人》和《风中奇缘》中找到参考原型（如图
1-32）。找到这个参考的时候，绘画者务必要认真地临摹，体会它是如何传递了上面提
到的人物性格，原因究竟为何？它是如何进行夸张和强化的，顺便还要看看设计师为它设
计的典型表情和动作。下面提供一些较为经典的卡通角色案例，希望大家能够认真加以体
会，通过观察和研究，能够摸到一些规律，如：脸形、眉毛、眼睛、鼻梁、嘴巴、皱纹的
形状和距离，与人的气质和性格之间都会产生有趣的联系，同时身形、着装、习惯性的姿
态也都与人物的气质有着密切的关系。卡通上的夸张也都对人物性格产生至关重要的影

响，强调的部分一定是人物最主要的特征所在。当然强调未必就是画大一点这么简单，强调主要指的是对比关系，如大的更大、小的更小、长的更长、宽的更宽、松的更松、紧的更紧等。我们会发现，卡通形象的每一处都是在朝着塑造人物性格的方向努力的。

角色设计就是根据剧本中阐述的人物性格、特点和习惯等，为其准确地塑造出人物的形象，这个形象应能够从外貌上生动地反映人物性格和形象特征，同时通过丰富的想象力，为角色设计既反映性格特点，又具有服装设计美感、文化风俗底蕴和艺术感染力的造型。另外还要为角色造型系列赋予某种艺术风格和趣味，这样设计出来的形象才是一套上乘佳作，具有一定的艺术价值。

图1-33 不同类型的卡通风格（1）

二、角色的设计风格

造型设计常常需要根据影片的故事风格不同，而体现出不同的风格特点。造型艺术家们通俗地将它们分为几大类，虽然定义不一定十分严格，但是对我们进行角色造型风格的研究还是具有指导意义的。目前市面上最为通用的角色造型的分类可以分为东方古代、西方古代、东方魔幻、西方魔幻、科学幻想（机甲类）、科学魔幻、现代时装（制服秀）、复古时装、欧美卡通、Q版卡通等（如图1-33、图1-34），虽然分类并不十分严格，在现实的故事中也经常会出现中西混搭或跨界穿越等情况，但并不妨碍我们对现有的造型艺术

图1-34　不同类型的卡通风格（2）

加以研究和消化吸收，并使之变成自己的语言进行创造性的发挥。学习造型设计最好的入门方法就是大量地研习和临摹前人的优秀作品，通过临摹领悟设计的奥秘所在，并对人物的服装元素进行深入的理解以及分类整理，将来就可以根据自己的喜好进行创造性的发挥了。后续我们会有专门的章节来展开介绍角色的服饰元素和装饰内容，并尽可能对其进行分门别类的概括和梳理，以便于让读者掌握更多的构成元素。同时，在角色设计过程中还需要注意的是角色服装细节对人物性格的反映。同样一个人物，因为服装细节的不同、风格不同，反映出来的人物性格也会有很大的差异。如武士的装束和贵族公子的装束就会让人物的气质产生很大的变化。再如机甲的装束和铠甲的装束，又会给观众以不同的故事背景的感受，这些都是在练习的过程中需要注意研究的问题。当然在动画的角色设定中都会对人物外形、性格、身份有着明确的描述，不可能任由创作者天马行空地设计，但掌握服饰对人物气质、性格的塑造，会对我们今后准确地把握人物特征，表现人物性格有着极大的帮助，所以要学会读懂服饰的语言。在角色的设计过程中，还需要注意到角色的群体组合效果。一个角色往往不是孤立的设计，他必须能够融入到群体、场景以及整个的故事背景当中去，才是一个成功的角色设计。角色要与其他成员之间形成一种组合关系，让他们看上去是一类人或是一个群体（如：机灵、憨厚、霸道、清高等），这是一个十分值得花费心血研究的内容（如图1-35）。

角色设计的风格种类繁多，在此不能一一列举。下面采用一个动画片来作为案例，为大家进行角色设计的讲解。这个创作作品是具有儿童画风格的卡通设计作品，里面的角色完全都是经过高度概括和简化的卡通造型。它与写实造型最大的不同在于，这种角色的形体和表情都是经过符号化处理过的，它与现实形体和人物之间存在着明显的差异，但其动作和表情又是经过提炼和符号化了的。这种角色的设计更加夸张和大胆，角色的性格也更为鲜明和生动，同时也便于儿童临摹和绘画，易识易记。

类似风格的作品非常丰富，国内外为儿童设计的动画作品多采用此类风格。在学习的时候可以先搜集大量的素材进行临摹，在临摹的过程中注意体会形体上的各大结构的组合

图1-35　风格统一性格多样的角色

《小兔兰多》主要人物比例图示

兰多　小胖　小文　小兵　小武　大学　小帅　阿来　小美　古董爷爷　小胖爸爸　班主任　兰多妈　兰多爸　阿来爹

图1-36 小兔兰多角色设计

关系。尽管是卡通形象，也要用形体结构来对模型加以理解。我们可以参见下面的一组范例（如图1-36），来对形体进行充分的认识。为理解形体，需要先画出角色的正面、正侧面和背面三视图（如图1-37）。之后根据需要，还要画出中间过渡的各个角度的分面图，之后可以用软件把几个不同的角度连起来，如果绘制正确，可以看到一个完整流畅的模型的旋转动画。画的时候务必要注意比例关系，可以从头顶到下颌再到胸口、膝盖等关键部位拉几条水平线，用来检测各个角度的角色是否比例相同。还要发挥想象力，想象出角色的全貌来。尤其是被遮挡的区域，更需要认真考虑该如何处理，否则在接下来的三维模型加工过程中，会遇到很多问题。

三、角色的设计元素

在角色的结构和比例设计好以后，还需要根据不同的场合和时间段，为角色设计不同的衣服装束，如冬夏服装、休闲与正规服装、居家与运动服装等。如果是神话、童话或科幻题材，还需要设计更多符合情境的服装设计。在动画中，角色的服饰设计是一个非常重要的内容，它包括的内容非常丰富，前期练习时可以通过大量临摹的方式来积累角色服装的元素，了解最基本的服装构造（如图1-38）。

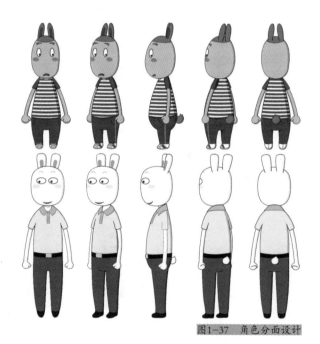

图1-37 角色分面设计

图1-38 服装元素对比

图1-39 不同时装样式对比

　　服饰可以分为现代时装、古代服装、民族服装、幻想时装（东方、西方、古代、未来、神话、魔怪等）、功能性制服等。这种分类未必严谨，但却是学习人物服饰设计的一个重要途径。通过这样的分类，我们可以把角色的服饰设计风格大致归为几个类型，进行有针对性的突破。同时也可以进行设计元素的有效积累，为自己建立起一个庞大的素材参考图库，对将来的设计将大有裨益（如图1-39）。我们还可以用另一种分类的方式来对服饰的结构加以研究。即从服饰的结构上进行分类，可将其分为几个大的部分，如：头饰（帽子）、上装、下装、靴子（鞋）、配饰（颈部、手腕、脚腕、腰带、披风等）。认真研究这几个大的组成部分，如头饰可以再细分为几个重要的组成：帽子样式、发型样式、头部首饰等。帽子、发型等仍可继续细分。这样做一系列的练习后，在设计角色时就会胸有成竹了。上衣结构比较丰富，但万变不离其宗，主要的几个部分与人体结构关系密切，包括颈部设计（领口）、肩部设计、袖口设计、前襟设计（开襟、排扣和衣兜）、束腰及下摆设计等。有些女士服装是连衣裙样式，道理如上装一样。下装设计相对比较简单，除非上装十分短小简单，否则一般情况下不会突出下装的设计，这通常是出于对比的需要。然后是靴子或鞋的设计，靴子样式种类十分丰富，但总体可以概括为靴口、前脸和鞋跟设计等。可以通过优秀范例来进行仔细观察和分析（如图1-40）。

在谈到服饰的设计时，一方面要注意到造型和图案的变化，另一方面还应该注意到材质的变化和色彩的搭配。人的服饰十分注重材质的搭配和变化。通常来说，大的材质变化一般不超过两种，多了会显得杂乱无章，少了会显得单调。这种搭配指的是全身的材质，包括头饰和鞋。这种搭配并不意味着服装的某一构成（如上装或下装）要采用同一种材质。材质通常会作为某一种元素出现在服装的多个结构中，用来打破上装与下装的界限，把结构有机地联系成一个整体。另外材质通常还会与功能有紧密的联系，如袖口、肘部、膝盖会出现一些用于保护或耐受摩擦的材料等。同时不同的材质和造型还会搭配出某种风格，这种风格可直接表现人物的性格特点和职业特征。如：皮革加铜铆钉、铜配件可体现一种粗犷豪放的感觉；丝绸和薄纱可以体现轻盈高贵的感觉等。各种材质的组合能够形成一种语言，对角色的表达十分重要（如图1-41）。

不同的发型、头饰

不同的服装元素

图1-40　不同的发型和服装元素

皮肤质感

金属材质

牛仔材质

冷色系

皮革质感

暖色系

图1-41　质感与配色（1）

主色
红色

主色
蓝色
配金边

主材质
为皮革

主材质
为金属
配蓝缎面

图1-42　质感与配色（2）

图1-43　近似色搭配

枣红色与
深灰绿是
补色关系

暗绿色与
赭红色为
补色关系

图1-44　补色搭配

四、角色的配色

除去材质外，服装设计还有一个至关重要的内容就是颜色的搭配，服装的颜色搭配十分讲究，如果是时装设计，色彩搭配和面料搭配是一门内涵丰富而深刻的学问（如图1-42）。对于卡通角色设计来说，虽然没有时装设计那么讲究，但了解流行的趋势以及色彩搭配的惯例，对设计出一个漂亮的角色具有重要意义。当然根据片子的需要，可能会采用不同色彩风格的设计方式，但有一些共通的原则需要认真把握，如主色调问题、黑白灰的调和问题、同类色原则、近似色原则和补色配色原则等（如图1-43）。

主色调通常是指在一组配色中，一定要有一个主体的色调，或者说是一块主色作为引领作用，让整个人物看上去由一个主体色彩构成，这样的角色给人以鲜明的总体印象，整体大气。另外在配色中还须注意一个原则，即色彩一定要有层次感，就是说从最纯到最灰要有一个掌控，不能让色彩过于分散。到处都是纯颜色，或到处都是灰灰的脏颜色，都不是一个好的配色方案。好的方案，色彩一定是有层次的，轻与重、纯与灰搭配得当，色彩才能够赏心悦目起来（如图1-44）。

关于黑白灰的调和问题，一般来说在一个角色的服装主色调中，通常不会超过两种颜色，其他的颜色往往是通过黑白灰来进行调和和补充。在主色调中，黑白灰作为辅色可以与任何一种颜色进行搭配，来调和主色单调的色彩效果，同时黑白灰还可以与主色一起构成多种图案，来丰富画面视觉元素，这样既保障了画面的丰富性，又避免了因色彩太多太杂而失去应有的秩序美。我们在欣赏优秀的作品时，一定注意黑白灰三种颜色是如何运用于角色的创作之中的。

接下来再谈一下近似色和同类色的配色原则。在配色的过程中，我们一般会用到近似色和同类色进行配色，颜色的色彩倾向接近或统一，色彩之间仅有明度上的差异，或只有微小的色相上的差异，这样既可以表现颜色的丰富性，又可以使得总体色彩大方统一，有整体感觉。

最后再来谈一谈补色。补色是色轮上相对的两块颜色，即对比度最强烈的颜色。除非是追求一种特殊的色彩效果，否则这两块颜色通常情况下不会同时使用在一个角色身上。如果纯度接近，色块大小又相仿，这样的色彩搭配简直是一种灾难，这两块颜色会对比非常强

图1-45　色彩与性格

烈，强烈到让角色的两个部分无法有效地统一起来，容易造成主体的分裂。当然，这两块颜色也不是完全不可以同时使用，事实上只要处理好两者的关系，就可以取得十分优美的视觉效果，如：色彩面积的对比拉开，大对小；色彩纯度拉开，高对低；明度拉开，亮对暗等。这些手段可以有效地调节补色关系，让色彩看上去既漂亮又和谐，且搭配上具有新意。同时还可以调用黑白灰等元素来进行中和变化，可以使配色方案更加丰富美观。这些技巧，今后都可以通过练习来逐步加以体验。在欣赏作品时，希望读者能够看出更多的门道来。

配色是一个既感性又理性的过程，感性是需要设计师有一个良好的审美直觉，理性是需要设计师对色彩构成的知识有比较深刻的理解。在设计的时候，我们不妨做多种多样的配色练习，通过配色找到不同的人物性格的感觉（如图1-45）。色彩的变化是有着科学规律可循的，在某种色调下，有些色彩一定会随之发生某种相应的色彩变化，然而色彩又是感性的，很多冷暖的变化出于人对色彩的感觉，而不是由色彩本身的物理属性所决定的，因此在色彩的练习中，一方面需要用心感受优秀的色彩作品，同时还需要用理性的头脑来对某种色彩效果进行认真的分析，这样才能够有一个比较快速的飞跃。

五、动画电影中的色彩

在了解角色色彩设计的同时，还应该了解电影和动画的视听语言中关于色彩的相关知识内容。在一部影片中，色彩是重要的视听元素的组成部分，也是影片叙事的重要手段之一。下面就电影中的色彩的关系，给大家以较为详尽的介绍。

通常我们都会认为，动画角色的色彩无非就是其自身固有色的表现，其实影片如同绘画一样，在影片中更讲求的是色彩关系。色彩关系包括色相对比、明度对比、纯度对比，这些在上面的文字中都有提到，接下来我们需要谈到的最重要的一层关系就是冷暖关系。

在色彩中有一个十分重要的概念叫"冷暖"，这可以说是色彩中最重要的一个概念。也是色彩同黑白造型之间存在的一个最大的差异。冷暖不是一个绝对的概念，而是"冷"与"暖"两者相对的一个概念。如：柠檬黄与蓝色相比较是暖色，但它与中黄比较就是冷颜色了，而中黄与橘黄相比又算是冷颜色了（如图1-46）。了解色彩的冷暖关系，对于色彩的

色相环

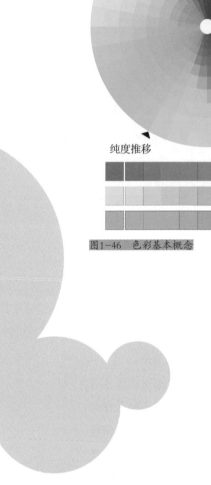

明度推移

纯度推移

图1-46 色彩基本概念

暖   冷

图1-47 色彩的冷暖

图1-48 冷暖与空间关系

造型至关重要，色彩可以传递比黑白关系更加丰富的物象的细节。两块明度上完全相同的颜色，却可以在冷暖关系上形成差异。只要有冷暖关系的存在，物象就可以表现出形体的转折和纵深的变化，因此色彩才是最微妙的造型手段（如图1-47），色彩的丰富细节可以让专业的摄影师如痴如醉。在三维动画中，环境光照和全局照明等运算方式的开发，使得三维动画的色彩真正地进入到了彩色片时代，今天的三维画面可以呈现出真实的丰富的色彩变化（如图1-48）。

色彩冷暖关系的形成与光源存在着密切的关系，光源的冷暖往往决定着受光、背光及阴影的冷暖变化（如图1-49）。背光和阴影部分的颜色来自于环境的反射，往往形成与亮部的对比关系。亮部的色彩偏冷，暗部可以更冷一点或更暖一点，与受光区域形成鲜明的差异（如图1-50、图1-51）。在很多情况下，即使是同一色系，也会产生冷暖上微妙的差异，如：亮面是一种饱和度比较低，但亮度比较高的蓝色，暗部和投影就有可能是纯度较高、颜色较深的蓝色，看上去似乎色相上没有变化，但纯度低的蓝和纯度高的蓝的冷暖却是有差异的（如图1-52）。当然也有对比十分强烈的明暗关系，如傍晚时分，物体受到夕阳照射的部分会呈现出明亮的橙色，而背光面受到环境的反射，会呈现出深蓝色的暗面和阴影，橙色和深蓝色是对比非常强烈的一对补色关系。上述微妙的对比和强烈的对比，都是电影艺术家

图1-49 三维动画中的冷暖

图1-50 受光与背光冷暖关系（1）

图1-52 冷暖的对比

图1-51 受光与背光冷暖关系（2）

图1-53 色调

用来传情达意的重要手段。色彩冷暖关系的对比，是电影画面形成风格化的一条重要的创作思路。我们可以用带有一定色彩倾向的光源来为画面整体定下一个基调，如让整个画面呈现出一种冷色调或暖色调，这些所谓的色调，很多情况下是在一个色彩区间内，或者是一个色系之内进行的冷暖的对比（如图1-53）。现在的电脑后期调色使用的也是类似这样的原理。

在电影中，画面的用色往往是极为考究的，色调和色彩的层次是创作时需要考虑的一个主要问题。所谓色彩层次，主要是指画面中从颜色最纯到最灰要有一个明确的顺序，画面中的主体往往会占据着画面主要的色彩。与之相对，则需要弱化其他的色彩，往往在画面中仅保留一个纯度最高的色相。画面中色彩不宜过多，每增加一个色彩，都需要考虑新增的色彩与主体的关系。在家庭录像中看到的画面，通常会比较随意，不太考虑画面中色彩的层次，往往几个纯度较高的色彩同时出现，造成画面色彩杂乱无章。好的色彩关系一定是经过梳理的，层次比较分明，而且画面中会有一块较为突出的主体颜色。很多情况下，影片的画面纯度都会被人为压低，并受到严格的控制，为的是减小色彩的区间，让色彩的微妙度在这一个区间内产生丰富细腻的变化（如图1-54）。通常情况下，一个画面只有一块颜色作为主色，这块颜色带有明确的色彩倾向，其他的颜色基本上处于中性的色彩（如图1-55）。当画面中同时出现两块比较强烈的颜色时，这两块颜色往往是近似色或是补色关系。同时两块颜色的大小一定要有所区别，大小比例必须处理得当，往往其补色不会超过主色的三分之一大小（如图1-56）。这种总结看似非常武断，但如果你愿意认真地去拉拉片子，仔细研读一下优秀电影的画面，一定会发现这些奥秘，当你摸到其规律的时候，会给自己的创作以很大的帮助。当然，画无定法，构图和色彩更无一定之规，在总结规律的同时，能够大胆地突破才是更重要的创作思路。

上述内容只是谈及一些普通的色彩运用常识，给大家

色彩关系缺乏秩序感，杂乱无章。

色彩从明到暗、从纯到灰、从冷到暖秩序井然。

图1-55 色调的区间

图1-54 生活照与艺术创作

补色对比的构图

图1-56 补色对比构图

图1-57　斯皮尔伯格执导的电影《辛德勒名单》1994

一些创作的思路。实际上，色彩真正的意义远不是创作出一幅漂亮的画面。

色彩与电影之间存在着不能割舍的关系。早期黑白片时代，当新技术把色彩引入到电影中后，引起了许多保守创作者的不屑，认为色彩终将会让电影艺术走向平庸。但从1935年第一部彩色故事片《浮华世界》问世以后，色彩进入电影成为一个不可逆转的事实。随着技术的日臻成熟，色彩成了电影中的一个重要的语汇。在讲述故事、述说情感、表象欲望等段落中，如果离开了色彩便找不到更加准确的词汇。著名摄影师斯托拉罗曾经说过："色彩是电影语言的一部分，我们使用色彩表达不同的情感和感受。就像运用光与影象征生与死的冲突一样。"张艺谋也曾经说过："我认为在电影的视觉元素中，色彩是最能唤起人的情感波动的因素……从生理上说，色彩是第一性的，能马上唤起人的情绪波动。"如在《辛德勒名单》中的那个穿着红衣服的小女孩，她既生活在那个残酷的年代中，又是一条与我们如此贴近的鲜活的生命，她既是一段往事，又给人以挥之不去的印象（如图1-57）。在通篇是黑白色的影调中，小女孩红色的衣服显得格外刺目，格外鲜活，这个色彩的语言是其他手法无法代替的、电影化的、独一无二的语言。

动画片是色彩表现最为有力的视听艺术作品，它的色彩既不必来自于环境光，又不必来自于物体自身的固有色，它完全可以天马行空地按照人们的主观臆造来形成色彩关系。它可以打破任何客观、物理的限制来表现色彩，只为我们的审美服务。动画片与电影相比，也是最早引入色彩作为表现形式的视听艺术。1932年，迪斯尼在电影的色彩实验取得突破性进展后，率先推出了第一部彩色动画片《花与树》。这部动画片对于动画艺术有着重要的贡献，它把色彩带入了电影的世界，让屏幕上不再只有形体和运动这些基本的元素，让动画艺术的表现形式有了更多种的可能。但拘于当时的限制，《花与树》虽是第一部彩色动画影片，但它运用色彩的主要目的也仅仅是为了还原物象，并没有在色彩的表现力上取得太多的突破，也还没有认识到色彩将会成为影片艺术表现力的重要组成部分。1940年迪斯尼公司推出的一部具有划时代意义的动画长片《幻想曲》，才把色彩真正地作

图1-58 《幻想曲》1940

图1-59 《功夫熊猫》2008

为一种艺术表现手法，成熟地运用到了影片当中，向观众充分展示了色彩作为不可替代、不可或缺的元素在电影中所应该具有的重要地位（如图1-58）。《幻想曲》中的色彩和光线的运用，已经完全不是集中在物象的表达之上，它摆脱了物理的束缚，直接把色彩带入到了人的内心和情感世界，并且与音乐、动作的节奏交相辉映，成为一部地地道道的视觉交响乐。这部彩色动画片，距离1935年第一部彩色真人故事片问世仅仅5年时间，但它对色彩这个电影语言的运用的成熟程度却远远超越了同时代的电影。相信这部动画对于今后电影的创作也给予了巨大的启发，但由于电影艺术家对于卡通片的忽略，让这部本该在电影史上具有重要地位的电影（而非仅仅是动画），并没有得到应有的理论界的关注。

关于色彩之于电影，恐怕不是这一小段文字所能说得全面的，读者朋友可以找来这些经典的影片，结合当时的历史，通览一下之前之后的电影作品，自己体会一下色彩之于电影的耐人寻味之处吧。

动画的色彩可以完全按照情绪的需要，加以铺陈和渲染，它可以完全按照气氛的需要设色，而不必考虑任何现实的局限。如《功夫熊猫》中精彩的片头部分（如图1-59），作者大胆地把画面处理成了黑白+红黄的色彩构成模式，光源完全按照戏剧的气氛来加以营造，在表现邪恶分子时，他们的面部和身形全部是一块黑色的剪影，只有其眼睛没有受到黑影的影响，发着雪亮的白光。在色彩上，创作者把其他的色彩都压缩掉，只强调了一个主要的色系——红色，包括天空和旗帜。创作者并不考虑物象与现实的相关性，仅仅是为了表现传奇气氛的需要，甚至仅仅是出于创作者对色彩使用的偏好。这种色彩风格具有强烈的主观色彩，是一个重构了的世界。在这样的世界里，观众体验了更加强烈的英雄传奇故事。电影通常都是依靠这种光和色的表现形式，来给观众以更为强有力的心理刺激，以强化影片的艺术效果。如大家所熟知的恐怖片、科幻片等，都是在运用强烈的表现色彩和灯光效果的设置来强化主题，达到或惊悚或奇幻的心理体验。在创作过程中，一定要充分地考虑到光色在视觉表现上的重要价值，电影如果被看作是一门视听艺术，那光与色就是这视觉部分的表现形式，我们在电影中看到的故事，离不开光与色的艺术化的表现手段，用光与色的处理方式来传情达意、营造氛围，是语言、文字等符号无法表现的内容。如果说电影是一门语言，那光与影给人的感受就是一门活的语言，不必编码，观众可以直接领会，这正是电影语言的魅力。

第二章 场景与道具

除了角色之外，场景设计也是概念设计中十分重要的一个内容，场景的设计如同角色设计一样，也可以分为绘画基础和设计基础两大部分，二者缺一不可。场景是角色生存的环境，也是观众或玩家赖以想象的虚拟空间，这个空间构成了他们的梦境，使其能够身临其境，获得深深的沉浸感。场景设计得不好，会令观众与故事的环境格格不入，无法被带入到情境中，糟糕的场景设计会极大地破坏观影的乐趣。对待场景，我们不应该把它看作是一个简单的背景。场景在影片中具有重要的意义，在着手设计场景之前，有必要先来探究一下场景与影片之间究竟有着什么样的关系。很多人可能会觉得，场景设计就是一些房屋、室内、自然环境设计，和电影有多大关系呢？这样理解在初学者看来自然没有问题，假如你有更高的追求，就一定不要把场景设计理解简单化，首先要体会一下场景与影片真正的关系和含义在哪里，这样才能够有目的地去创作。

第 一 节　电影与场景

在一部影片中，除人物以外，最大的视觉主体就是景物。影片的场景会给电影本身带来巨大的造型感，产生令人难忘的视觉印象。如高楼林立的纽约、车水马龙的东京、招牌林立的香港，漫漫黄沙的丝绸古道、质朴苍凉的黄土高坡、雄伟挺拔的天山雪原、翠竹青葱的安徽宏村（如图2-1）。说到一个场景，人们的头脑中马上就会闪现出一幅幅生动的画面，给人带来或繁华、或质朴、或圣洁、或畅快的不同感受，这就是场景的作用。场景可以让观众产生十分生动的联想，可以把观众迅速带入到电影的假定时空之中，让观众的每一寸肌肤都能够感受到假定性情境的真实化的存在。动画电影中的环境设计尤其注重造型感和美术风格。可以不夸张地说，影片的美术风格80％的营造依靠场景设计。好的场景设计会在观众的头脑中建立起一个鲜活的想象空间，让观众有足够的"梦境"来完成故事的叙述。这一点对动画创作人员提出了更高的要求。宫崎骏是造梦空间的大师，在他的作品中，往往会给人们营造出宏伟、奇绝、神秘、梦幻的电影场景，因此即使他只是在讲述一个普通的励志故事，也能够散发出奇幻的想象力来，这在很大程度上都要归功于其绚丽的场景设计。下面我们从几个角度来认真分析一下，场景对于电影的重要意义。

图2-1 不同场景的风格

一、空间再现

虽说电影的空间是假定性空间，但创作者总是试图为观众营造出一种真实的情境。在观众看戏的时候，创作者绝不希望观众的思绪游离于情节之外，电影也好、戏剧也罢，强调的是对观众注意力的绝对控制。在观影这一段时间内，观众需要把注意力甚至是思维全部交由电影和戏剧的创作者来把控。这种对观众"催眠"的状态，就是电影的"假定情境"。而这种"情境"需要一个空间来盛放和展开，这个空间就是电影空间，可以近似地等同于电影的场景（如图2-2）。电影场景保障观众的"梦境"不被唤醒，并不一定需要场景是写实的、是真实生活的翻版，只要可以为观众提供"空间想象的支撑"就可以。这一点在动画电影的表现上尤其明显。动画电影如果一味地追求写实，反而失去了动画空间的意义。

写实的场景最为常见，大部分电影依靠惟妙惟肖地复制和再现空间来拉近故事与观众的关系，营造亲近感，让观众更容易混淆故事与真实的界限。同时，写实的场景可以制造时间错觉，产生强烈的年代感。这种年代感一部分来自于现实的记忆，另一部分来自于历史资料和想象。借助历史材料搭建起来的想象性的空间是具有表现意味的空间，年代的痕迹感需要加以强化，用以唤起观众关于年代感的想象。这是电影中比较常见的手段，如：表现20世纪初的纽约，地面上总会有雾气腾腾的蒸汽，表现上海洋场总免不了出现悠然而过的有轨电车，表现阿拉伯的市集总免不了出现清真寺和几峰骆驼等。地域感也是电影喜欢表现的内容，因为不同的地域感会唤起观众不同的感受。这种感受可在观众的心目中创造出一种氛围，让故事更加鲜活生动。同一个故事，放在不同的环境中，会有不同的味道，如同一个爱情故事，发生在北海道、夏威夷或是越南会给人完全不同的感受。同时各地不同的风土人情也会激起观众强烈的兴趣，渴望置身其中，亲历电影中的情趣。在现代的商业操作手段下，电影中的风光成为一个很好的卖点，用艺术的手法再现某一环境，成为商家获利的重要方式。

场景分为人工景与自然景。其中人工搭景目前

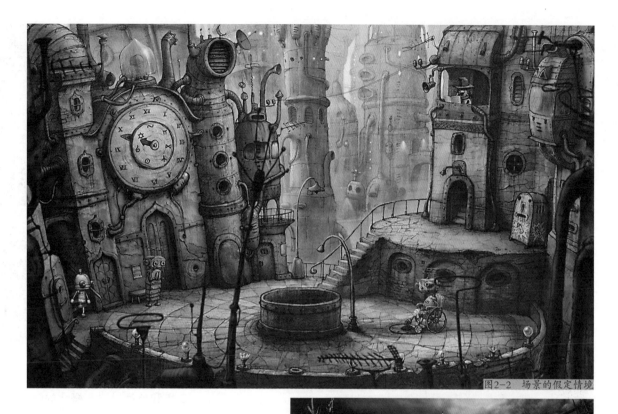

图2-2 场景的假定情境

还是电影拍摄的主要手段之一，搭建的景物有利于摄影机和灯光等器械处于最理想的工作状态，便于拍摄进度的控制。在电影的主要产地都建有巨大的摄影棚，用来模拟各种能在影棚中表现的场景。注意人工景并不是只能表现人类的建筑之类的场景，现在随着CG技术越来越高超，电影中大部分场景导演都喜欢在影棚内完成，不但高效，而且效果理想。另外，CG让电影实现了原来不可能拍摄到的场景，如：《指环王》《阿凡达》《少年派》等，人工景十分善于表达纯粹由人想象出来的幻想的空间（如图2-3）。现在的人工景的概念已经大大超出了早期电影辞典上的概念，人工景可表现的范围几乎涵盖了电影的全部场景。即便如此，许多电影人还是喜欢去真实的世界，表现真实的景观和自然风光。一方面，创作者认为真实的外界环境有着人工不可复制的细节和丰富的可能性，同时独特的地域环境会为创作者提供新鲜的创作灵感；另一方面，表现真实的人物与自然景物的关系可以展现自然的奇绝和鬼斧神工，让观众真切地寄情于山水之间，这是人工景无法提供的。电影虽然主要是讲人的故事，但很多时候主要是在讲述人与环境、人与自然之间的关系问题（如图2-4），并且景物对电影的主题还有很好的象征意义，有一种庄严感和仪式感，可以赋予电影不能言传、只适合体悟的内容。因此景物既是电影重要的表现手段，又是重要的表现对象。关于景物还有内景和外景的概念，即

图2-3 场景风格

图2-4　环境与人

表现室内和表现室外，这都是从技术的角度来划分，在内景、外景、人工景和自然景这些概念的使用上各有所指，各自涵盖的范畴有所交叉，使用上注意加以区分，有所了解即可。

二、空间表现

接下来谈一谈电影场景的表现性。电影的场景可以充当电影主题的象征物，这在上文已经谈到。电影的空间可以分为再现性质的空间和表现性质的空间，表现性空间往往具有很强的形式感、美术风格和象征性。电影场景的表现性源自于戏剧，戏剧的场景往往具有高度的概括性，注重场景的象征意味和表现。最极致的可以说是我们中国的传统戏剧。以京剧为例，舞台上从不追求华丽的布景，场景被高度地概括和抽象。一桌一椅便替代了楼阁庭院，一鞭一橹便代表了山川湖泊（如图2-5），这种具有高度抽象主义和表现主义的风格与中国的传统文化一脉相承。中国人对绘画、诗歌等艺术形式并不以量取胜，而是以实为美。中国人的审美在于空灵和旷达，喜欢虚实掩映，喜欢以简化繁，喜欢用简单的事物表达非凡的意境，解读中国的古诗词和中国水墨作品都能体味到这种意象之美，因此中国的戏剧也必然会受到中国审美倾向的影响。这种抽象的风格进而也影响到了中国的电影，尤其是动画电影。中

图2-5　京剧场景的表现主义

国20世纪90年代之前，出品了大量极具东方意境的动画影片，其中以水墨片最具代表性。其实除去水墨片之外，一些中国动画大片如《大闹天宫》《哪吒闹海》《天书奇谈》等的电影空间也都深受中国传统审美因素的影响。在中国动画片中，很少出现纵深类的镜头（如图2-6）。中国对透视的认识与西方是截然不同的，在宋代郭熙父子著述的《林泉高致》一书中，对中国人理解的透视有着详细的论述。中国人把透视分为高远、平远和深远三个内容，高远为画的上下、平远为画的左右，深远为画中的重叠（但重叠是由物体的上下关系来决定的）。这与西方精确的三维透视形成了巨大的区别，中国文人恬淡的性格决定了中国人并不喜欢精确无误的几何透视规则，而全部是由心相生发而来的构图方法。这些特征都清晰地反映到了中国动画电影的创作中来。最有代表性的是动画电影中的名作《三个和尚》，影片中表现电影的空间概念尤为独特（如图2-7）。下边沿着弧线运动到山的右边，这与我们看到的现实有着天壤之别，然而却与影片总体的艺术语言十分协调，完美地构筑了影片中风格独特的东方时空。中国的审美方式在这里拓宽了电影对于时空的表现方式，是一个了不起的突破。

西方对于戏剧的场景则趋向于另一种形式，同样也是抽象，但发展出与东方截然不同的风格。西方的戏剧可追溯到古希腊时代，公元前5世纪是希腊戏剧的鼎盛时期，出现了一大批优秀的剧作家，如著名的悲剧作家埃斯库罗斯、索福克勒斯和欧里庇得斯等，同时也出现了伟大的喜剧作家克拉提诺斯、欧波利斯和阿里斯托芬。在古希腊，戏剧的上演是隆重的盛会。周长约150米的露天环形观众席可同时容纳数千名观众。观众席的对面建立有20米的高大的景屋，景屋前设有乐池。随着古希腊戏剧的繁荣，戏剧的背景也变得非常丰富和考究，甚至很多著名的科学家都来帮助其完成复杂的机械部件（如图2-8）。随着戏剧情节的演进，台上会出现各种各样的由机械控制变化的背景，这些背景有点类似于Flash动画中一些移动的影片。很多自然景物被抽象成很有装饰风格的图案，整个背景就是一个在机器操纵下的巨大的移动图案，场面十分壮观。这种场景与现实也是"间离"的，是艺术情境的表现和象

图片来源自 动画影片《大闹天宫》上海美术电影制片厂出品

图片来源自 动画影片《哪吒闹海》上海美术电影制片厂出品

图片来源自 动画影片《天书奇谭》上海美术电影制片厂出品

图2-6 中国美术片场景的平面化特点

图2-7 《三个和尚》的写意场景

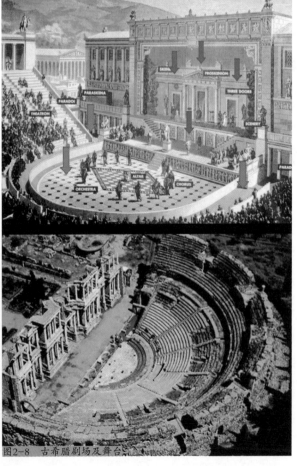

图2-8 古希腊剧场及舞台

征。古代戏剧给予我们现代的创作以极大的启示，人的审美过程或艺术思维方式并不是纪录式的、机械式的自然反映。与普通的思维方式不同，艺术的思维方式具有极大的跳跃性与发散性。尤其是中国人的思维方式，想象力具有更大的跨度，常常可以把抽象的精神、意境寄托于山水草竹之上，用跨越式的思维营造诗歌的意境。

三、闭合与开放

谈到电影的场景，就不得不讨论到电影的空间了。空间不只是背景，空间是影片构成的重要元素。与戏剧相比较，电影的空间是自由的、开放的。空间是创作者用以传情达意的素材，而不是简单的人物活动场地。电影的空间是电影区别于戏剧的重要标志之一。意大利著名的电影理论家卡努杜在他关于电影是"第七艺术"的论证时，十分敏锐地意识到了电影空间与戏剧之间存在的巨大差异，从根本上否定了"电影只是戏剧艺术的延续"这一错误论断。下面我们仅就空间的开放与闭合这一点差异，让读者从戏剧的角度来反观电影，也许对电影的空间会有更为清晰的认识。

在表现运动的空间上，电影也具有巨大的优势，如表现火车行进中车上发生的情境。电影可以随时从车内的空间跳跃到车外的空间。用全景来表现车辆运行的状态，而用内景来表现车内正在发生的事情。它可以给观众真实的列车运行的感受。但戏剧舞台对运动的空间表现就显示出很多局限性来，运动空间的表达也需要借助形式化的手段来展现。即便是同一空间内部，电影和戏剧的表达方式也完全不同。电影不会固定在一个位置上来进行故事的演绎，观众的视点在导演的控制下游走于空间之中。而戏剧观众的视点多是固定的，空间也即固定下来，形成一个与人物比例关系一致的"空间盒子"。电影中不存在空间的盒子，电影面对的是开放的自由的空间。从上述几点我们不难体会到，同样是故事发生的环境，在空间的本质上却有着完全不同的含义。空间是电影语言中重要的视觉元素之一，是电影叙事的重要手段。

了解了场景与电影的关系之后，读者对场景的设计会有更加深刻的了解，不会再犯为了设计而去设计的低级错误。同时也学会了如何在优秀的影片中汲取优质养分，看到了动画作品之间的差异所在。动画电影需要优秀的场景设计师，好的场景设计师能够给观众带来奇幻的感受，这是其他艺术形式无法带来的。

第 二 节　场景绘画基础

　　关于场景绘画，用到的最重要的绘画知识恐怕就是透视了，透视是场景绘画的基础。场景之于人的比例来说，通常体量都比较大，因此透视的效果也会相对明显许多。场景，尤其是建筑通常都会拥有比较整齐的外立面，即几何形的外观，这就对我们场景透视的准确性提出了更高的要求，因为透视稍有一点错误，就会在画面上明显地显示出来，让人在视觉上感觉极不舒服（如图2-9）。关于透视，在讲角色设计的时候已经有所介绍，相对于角色来说，场景的透视更加明显，画错了更容易发现问题，所以通过场景来锻炼透视感觉，对于初学者来说更加重要。在此需要注意一点，学习透视，更多地是为了锻炼透视感觉，尽管透视完全可以使用精确的计算方式推导出来，但这不是我们需要掌握的内容，我们需要掌握的是锻炼视觉感觉能力，用透视的方法来对自己的感受力不断加以修正，力求拥有一双准确到毫厘的眼睛，这才是训练的真正目的所在。

图2-9　有问题的透视

一、透视现象

透视给人带来的最直观的印象就是近大远小。近大远小是视觉自然现象，正确利用这种性质有利于表现物体的纵深感和体积感，从而在二维的画面上表现出三维的体积空间（如图2-10）。

在透视中还有一个现象需要注意，那就是近实远虚。人的眼睛有很强的焦距调节功能，当我们在注意观察某一点的物象时，其他距离上的物象将变得模糊，近景观察时尤其如此。而当我们把视线放在远处的时候，视野清晰度的范围会扩大，类似于相机中的大景深。当然一般情况来说，由于视距的限制，近处的物体感觉会更清晰，而远处的物体感觉会模糊，人们通常利用这一现象在绘画中表现物体的纵深感。事实上在绘画过程中，我们通常以强调虚实对比来强化二维平面上的空间纵深感。需要注意的是：不是在所有的绘画过程中都遵守"近实远虚"这一规则，在一幅作品中主与次的关系往往更为重要，主体物的实和次体物的虚是更好的视觉导向，这也是艺术优于现实的取舍和区别（如图2-11）。

图2-10 透视效果

图2-11 景深效果

二、透视的类型

透视从总体上可分为两种：焦点透视和散点透视。

其中，焦点透视又可以分为平行透视、成角透视。成角透视又有两点透视和三点透视之分。平行透视也叫一点透视，即物体向视平线上某一点消失。成角透视，即物体向视平线上某两点或者是三个点消失。从严格意义上来说，现实中并不存在一点透视和两点透视的，只存在近似的效果。因为人的眼睛是一个透镜，物象经过弧形的表面，成像时或多或少都会存在一定量的变形。但人的大脑中存在着一个修复变形的机制，因此在很多情况下，我们看到的真实的物理照片并没有我们头脑中的准确。这是一个有关完形心理的现象，我们须有大致的了解。绘画的真实一方面要尊重现实，另一方面还需要遵从我们的内心感受，力求在感受与真实两者间寻求一个完美的平衡（如图2-12）。

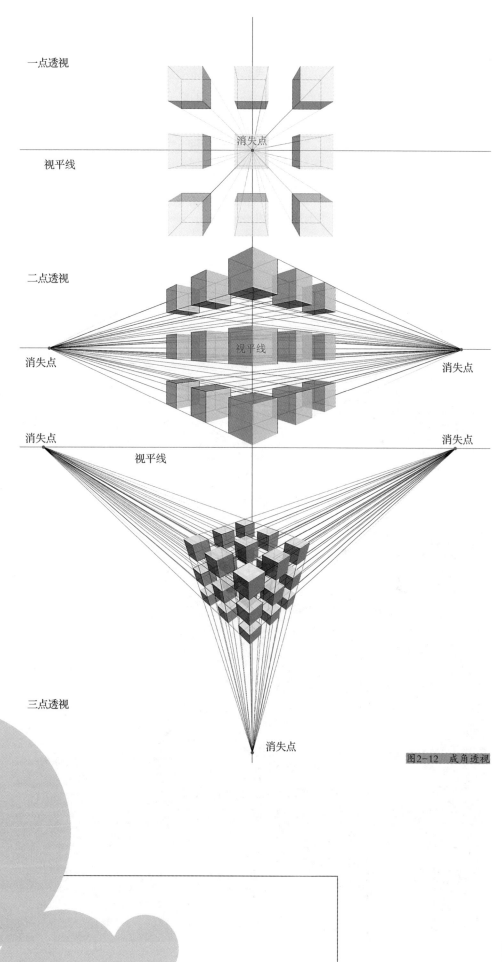

图2-12　成角透视

散点透视也叫多点透视，即不同物体有不同的消失点，甚至不存在消灭点的轴测式绘画方法，我们将其笼统地称为散点透视。这种透视法多见于儿童插画、装饰绘画和中国画之中，为绘画开辟出一个别开生面的天地来，让人在似真非真、似幻非幻中体验到一种视觉上的快感（如图2-13）。

三、透视原理

透视的成像原理相当复杂，需要一整套几何学的知识，尤其是曲面的透视，会出现微妙的形变，还有反射和投影等。幸好现在有三维软件来帮忙，让这一系列复杂的数学运算迎刃而解。我们在三维软件中直接摇动摄影机，就可以实时地看到各种各样

图2-13 散点透视

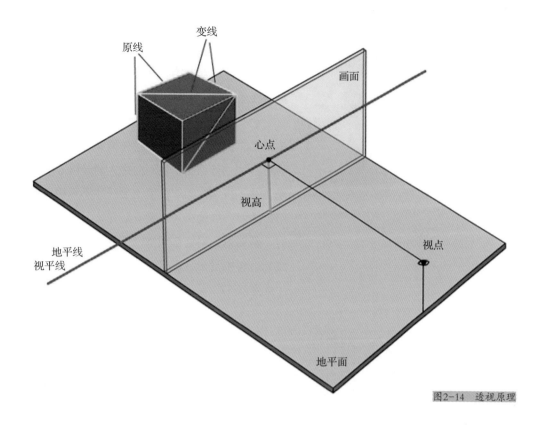

图2-14 透视原理

的透视变形效果了。不过，对于学习动画制作者来说，仍然有必要了解一下没有计算机辅助时的透视计算方法。下面来看图2-14：

17世纪，当笛卡儿和费尔马创立的解析几何问世的时候，还有一门几何学同时出现在人们的面前。这门几何学和画图有很密切的关系，它的某些概念早在古希腊时期就曾经引起一些学者的注意，欧洲文艺复兴时期透视学的兴起，给这门几何学的产生和成长准备了充分的条件。这门几何学就是射影几何学。基于绘图学和建筑学的需要，古希腊几何学家开始研究透视法，也就是投影和截影。早在公元前200年左右，阿波罗尼奥斯就曾把二次曲线作为正圆锥面的截线来研究。在4世纪帕普斯的著作中，出现了帕普斯定理。在文艺复兴时期，人们在绘画和建筑艺术方面非常注意和大力研究如何在平面上表现实物的图形。那时候人们发现，要把一个事物画在一块画布上，就好比是用自己的眼睛当作投影中心，把实物的影子影射到画布上去，然后再描绘出来。在这个过程中，被描绘下来的像中的各个元素的相对大小和位置关系，有的变化了，有的却保持不变。这样就促使了数学家对图形在中心投影下的性质进行研究，因而逐渐产生了许多过去没有的新的概念和理论，形成了射影几何这门学科。

之后随着解析几何和微积分被逐渐引入到射影几何领域，透视学产生了质的飞跃，进入到了现代射影几何的时代，为计算机被引入到这一领域打下了坚实的基础。其间涉及了大量的公理和定律，都是在文艺复兴运动之后的一代代数学家努力的基础上积累下来的。当然，射影几何学研究远不是为了满足绘制一张透视的平面图那么简单，今天的定位系统、航空航天都紧密地与此相关。虽然学习绘画并不需要掌握复杂的数学推演过程，但必须知道我们的眼睛所捕获到的影像其实也是大脑的一种运算方式（如图2-15）。

关于原理的问题在此就不再赘述，有兴趣的朋友可以查阅专门讲解透视的书籍，在网上也可以了解到相关内容。

在透视的绘制中，有几个容易出现问题的地方，其一就是曲线的透视（如图2-16）：

这一类透视中，运算的原理相对比较复杂，我们更多是需要凭借经验和感觉。首先需要把曲线转换成大的折线，再对折线进行细化，找到曲线大的趋势。然后再依据趋势勾勒曲线。折线在同一平面上会形成不同的灭点，不同的灭点引出的两条线的夹角也会有所变化。通常在绘制这样的折线时，需要借助网格来观察，使得画面效果更加明了，或者在绘制过程中常常会纵横拉上一些线条，以此来找到大的走势（如图2-17）。

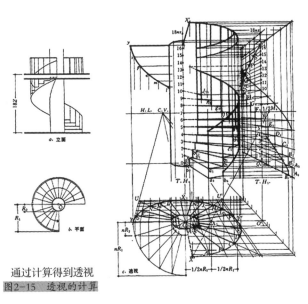

通过计算得到透视
图2-15 透视的计算

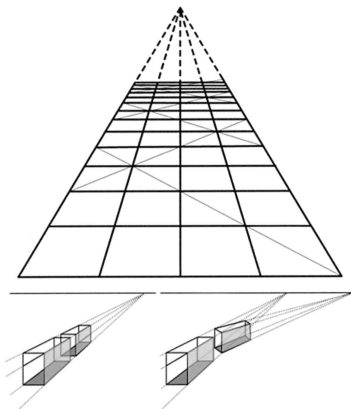

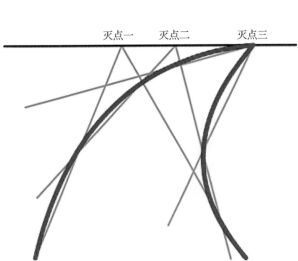

图2-16 曲线透视

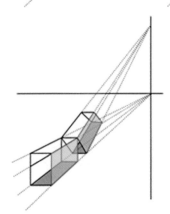
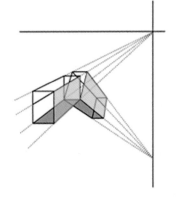

图2-17 成角度透视

在两点透视的角度变化中，物体与画面的角度影响着透视的效果。

当物体正面与画面夹角很小时，透视效果为：正面大，侧面小。

当物体正面与画面夹角很大时，透视效果为：正面小，侧面大。

视点到画面的垂直距离即为视距。

视距越大，灭点越远，物体就越平稳，立面展开也越大。

视距越小，灭点越近，物体变形越严重，立面也展开越小。

（如图2-18）

视高对透视效果也会产生影响。

视平线很低时，被表现物体有高大壮观的感觉。

视平线与人高度接近时，透视效果比较平易近人。

视平线很高时，表现的是俯视的效果，被表现物体体积明显变小。（如图2-19）

除此之外，还有一种特殊的透视形式——鱼眼透视。利用鱼眼镜头拍摄的照片就有这样的效果，在绘画表现时就形成曲线的效果，曲线能够比直线更准确地反映人们对空间的感受。

成角透视很适用于制图／造型设计，而曲线透视则更强调镜头感、临场感和纪实感。比如：一个人躺在草地上两根电线杆的

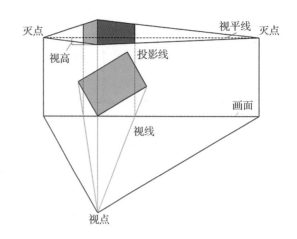

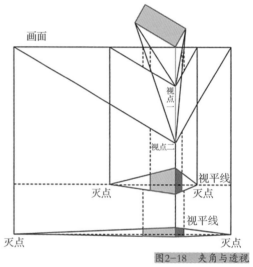

图2-18　夹角与透视

图2-19　透视与人的视觉感受

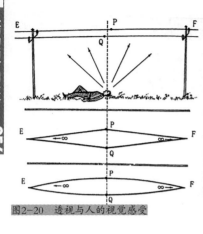

中间，仰头看着两根平行的电线，P与Q是离他最近的两个点。如果他向前看，会看到电线在F处交汇；向后，会看到它们在E处交汇，于是，无限延伸的两条电线就可以画成菱形FQEP。而当他的眼睛看着Q、P这两点时，两条电线是平行的，不会出现这种折痕。所以在绘画的时候要把两条平行的电线绘制成连续的曲线，虽然这与我们眼睛看到的效果有一点点差异，但这一绘制方式是最接近于我们看到的真实物象的（如图2-20）。

图2-20　透视与人的视觉感受

关于透视的内容还有很多，在此就不一一赘述了，对于学艺术的人来说，最重要的是在于观察和练习，通过训练使自己能够敏锐地感觉到角度和距离的变化，才能够把透视的内容真正地吃透。透视学方法只是辅助我们绘画的一个理性的工具而已，依赖验算得来的几何学意义上的透视永远也不能替代艺术家一双经过训练的、准确的眼睛。

第二节　场景设计基础

接下来我们谈一谈关于影片中的场景设计问题。首先需要了解的是关于场景的分类。场景可以分为自然景物和人工景物，自然景物有草、树、石、山、水等；人工景物有室内景和室外景。室外景又可以细分为街景、建筑和建筑群落等；室内景物按照不同的功能可分为家居空间、商务空间、公共空间等。总之，场景是人工景物和自然景物的结合，场景可以包罗万象，涵盖多种空间区域。

一、场景设计的分类

场景按照不同的功用，可以有多种分类方式，不同的分类也会形成不同的艺术风格。如从使用功能上分，可以分为公共建筑、功能建筑和民用住宅等。公共建筑如火车站、飞机场、商务空间、娱乐场所等；功能建筑与公用建筑范围有所重叠，但更侧重于体现建筑的功能性，如军用设施、发电站、立交桥等；民用住宅和居民设计环境等为人们日常熟知，在此不再赘述。在游戏中经常可以看到满足各种不同功用的建筑，如魔法屋、伐木场、铁匠铺、防御工事等（如图2-21）。这些建筑需要直观地从外观看出其功能属性，那么在设计时就必须做到抓住不同功能建筑的自身特点。在动画和游戏中，为了让功用更加突出，给观众或玩家更多的想象空间，通常会把与建筑功能有关的结构放大，甚至直观地把建筑变成被表达对象的象征物，如会在兵器铺的建筑上设计一些兵器的造型，在铁匠铺的建筑上强化炉子和烟囱的造型，把文具店的房顶设计成一本书的形状等。总之都是借助功能物的特征巧妙地通过变形，融入到建筑物上。当然，在融入功能元素的时候，务必要找到共通的特质，避免生拉硬套，牵强附会。设计讲求的就是巧妙，如果不能够把元素巧妙地融于设计对象上，那还不如不要的好。

游戏《战锤》的场景设计

图2-21 游戏《战锤》的不同功能建筑设计

电脑动画前期设计

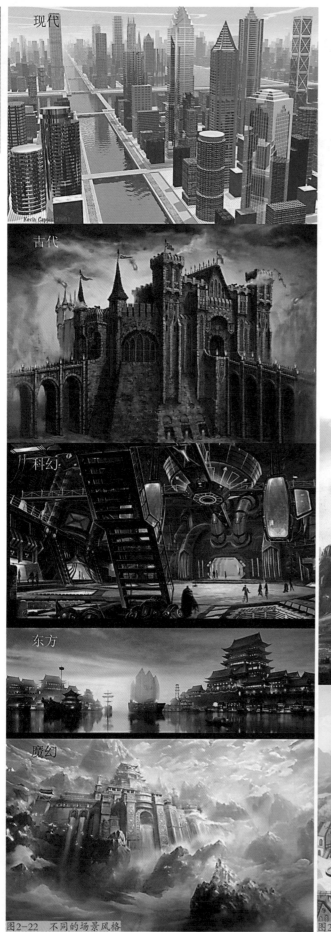

图2-22 不同的场景风格

除从功能上划分以外，还可以根据文化背景进行划分，如东方建筑、西方建筑等；按时代划分，如史前建筑、古代建筑、近代建筑、现代建筑和未来建筑等；从故事需求划分，如魔幻故事场景、童话故事场景、传奇故事场景、现实故事场景、科幻故事场景等（如图2-22）；按影片或游戏美术风格划分，如Q版、哥特式风格、装饰风格等（如图2-23）；按人工场景和自然场景来划分，等等。总而言之，场景的种类十分丰富，它是一部电影重要的视觉形象，也是一部动画片或游戏美术风格的核心内容，一个影片的场景决定了影片中角色的生活方式，以及个性的表现形式等，场景是观众最重要的想象力的支持。

图2-23 不同的场景风格对比

在场景的练习中，建筑作为人工景，是场景设计的重中之重。创作者需要认认真真地研究各种不同功能特点的建筑物，了解它们的构造和框架，这样才能举一反三，在讲求建筑合理性的同时，增加各种想象性的元素，做出漂亮的设计来。一方面要理解建筑的构造，另一方面也要去体会建筑的美感和节奏韵律。建筑上通常会有很多相同的构件反复出现，如同音乐的音符，可以构成一段旋律（如图2-24），我们在观摩优秀的作品时要注意其在这方面的创造性发挥。建筑的种类十分丰富，风格多样，加之题材众多，因此需要进行海量的练习，才能找到场景设计的趣味性，掌握其中的奥秘。

图2-24　建筑的韵律美

二、场景的设计元素

建筑的元素是场景设计中最重要的一个内容。建筑是由一系列的构件结合而成，它与人体结构一样，也讲究穿插和组合，构件巧妙的组合构成丰富的空间关系。在此我们应先了解一下有关立体构成的内容。

立体构成也称空间构成，是用一定的材料，以视觉为基础、力学为依据，将造型要素按照一定的构成原则组合成具有美感的形体的设计方法。它是以点、线、面、对称、肌理为基本元素，研究构成空间立体形态的学科，也是立体造型各元素的结构法则。其任务是揭开立体造型的基本规律，阐明立体设计的基本原理。

立体构成应用于建筑设计、商品设计和工业设计等。立体构成包括半立体构成、线立体构成、面立体构成、块立体构成和综合材质立体构成。立体构成是现代艺术设计的基础构成之一。

"包豪斯"（Bauhaus）是20世纪著名的设计学院，从成立到关闭只有短短的13年时间，却培养出了一批在各个设计领域中领先的人才。包豪斯的艺术教育家们提出了"艺术与技术相结合"的教育理念，崭新的设计理论和设计教育思想使包豪斯成为现代设计的发源地。日本的大学不仅把构成教育作为设计的基础课程，而且还变成为一门专业课程，在构成领域取得了突出的成绩。

整个立体构成的过程是一个分割到组合或组合到分割的过程。任何形态可以还原到点、线、面，而点、线、面又可以组合成任何形态（如图2-25）。立体构成的探求包括对材料形、色、质等心理效能的探求和材料强度及加工工艺等物理效能的探求这几个方面。立体构成是对实际的空间和形体之间的关系进行研究和探讨的过程。立体构成是由二维平面形象进入三维立体空间的构成表现，两者既有联系又有区别。其联系是：它们都是一种艺术训练，都可以用来了解造型观念，训练抽象构成能力，培养审美观和发散思维能力；区别是：立体构成是三维度的实体形态与空间形态的构成。结构上要符合力学的要求，材料也影响和丰富着形式语言的表达。立体是用厚度来塑造形态，它是可以被制作出来的。同时立体构成离不开材料、工艺、力学、美学，是艺术与科学相结合的体现。场景设计特别是建筑的设计尤其如此，需要考虑到多重的空间构成的效果。

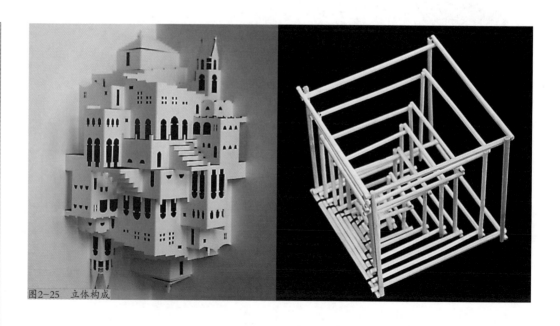

图2-25 立体构成

下面试举一例。假如我们需要设计一个中式的建筑，可以先把房屋最基本的结构搭建出来（如图2-26），如可以把房屋拆解成一个四方体和一个三角体，这样的组合构成了决定多数房屋最为基本的构造。下面再来看一下一个中式的古代房屋，是如何在现有的基础之上加入新的元素，实现构造的变形的。我们可以看到，三角体的上部加入了一个屋脊的结构，屋脊两端还可以再加上两个造型，同时屋脊中部还可以再加入一些造型，让其看起来更为丰富，注意看，中式屋顶侧面还可以加入一个斜山墙的结构，既可以为房屋的侧面挡风遮雨，又可以增加侧面的美观效果，这样的设计充分体现了中国古代的智慧。接下来是丰富屋檐的结构，在基础图形上可以加入一个向上翻翘的边缘，让屋檐有一种伸展和轻盈的感觉。同时注意房顶和房屋墙体之间的关系，同样可以加入很多建筑构件元素，让其美观而富于变化。建筑的外立面可以加入廊柱结构，中国的梁柱结构支撑起了全部的建筑框架，因此房屋内的格局可以设计成多种样式。只需要将廊柱间联系起来，就可以分割出不同的空间。立面下方还可以加入基座和护栏结构，同时考虑加上台阶。一个房屋的结构就这样通过细节的丰富逐渐完善起来了。这个过程值得初学者反复揣摩并通过对优秀设计作品的分析，最终领会到设计的精华所在。

设计的灵感来自于对现实的厚积薄发，在拥有丰富的生活积累和美术修养后，就能突破设计稿阶段的三大板斧：造型、元素和光影。我们能轻松地画准房屋的透视、体积甚至是质感，那么是不是可以给屋顶加入新的结构呢？头脑风暴一下可以得到很多种结果：添加一个拱形的屋檐，给予充满张力的挑梁，挂上锈满家徽的布匹，雕刻象征权力的兽头等。每一个新加入的结构都可以演变出成千上万种结果，这正是对物件进行拆分、排列和重组的结果。在设计中，结构就是我们的语言。在观众看来，首先映入其眼帘的不是细微的纹样、华丽的灯火，而是引人入胜的外形、充满新奇的轮廓。纹样就算设计再细致，也不会成为视觉的重点，但是结构设计得很突出，就会吸引观众的视线，带来独特的视觉印象。

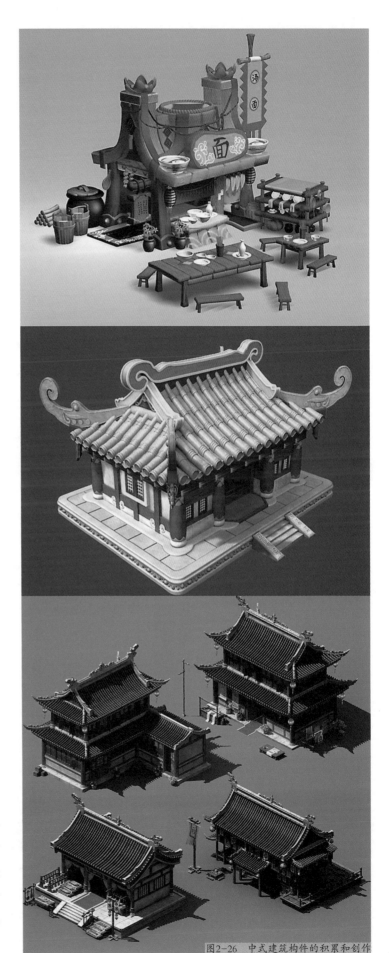

图2-26　中式建筑构件的积累和创作

在做设计的时候，结构、元素的积累是我们设计语汇的基础，如同任何一门语言一样，没有必要的词汇积累，就写不出一篇漂亮的文章来。建筑的结构组合如同是语法关系，在设计过程中需要细细体味和思索。建筑构件的组合方式会形成如同音乐一般的韵律，无论是东方建筑还是西方建筑，优秀的作品都是一件值得反复玩味的艺术品。我们平时可以通过反复临摹来体会其中美妙的韵律感：如形状的对比、线条长度的对比、点与面的对比、强与弱的对比、曲与直的对比，材质上轻与重的对比、糙与精的对比等，还有在力学基础上诞生的一种力量与平衡之美，这些内容只能靠绘画者自己用心去体悟。如果把它们分门别类，一项项确定为刻板的条规，恐怕也就失去了美的意义了。不过话说回来，在初学的时候借助一定的条规，对初学者快速地领悟优秀的设计美感是一个必不可少的途径。摹写甚至背诵一些基本的建筑构件，是必须经历的一个过程，对东方建筑的主要特征要给予充分的理解，如中国的古建筑与日本的古建筑尽管都是东方范式，却存在着极大的差异。下面我们通过图例来具体分析，分析时可以从建筑的各个部件着手，如：房脊、山墙、屋檐、挑檐、梁柱、门窗、窗棂、回廊、栏杆等的差异，既似曾相识、又各自不同，有异曲同工之美感。对西方的典型建筑，同样也要进行细致研究，如西方的罗马式建筑、哥特式建筑、拜占庭式建筑的主要特征和结构特征，都务必做到仔细研究摹写，对其室内和室外的结构以及内外关系有整体的认识。这样才会在将来的设计过程中自由自在地发挥自己的想象力，让自己设计的场景既奇幻又非常具有合理性和可信服性，为成为一个优秀的设计师打下良好的基础。

第四节　道具设计

我们通常会把道具看作是一个不起眼的小东西，是我们练习之余的一些小牙祭。这样的认识大大地低估了"物"在影片的艺术表现中所能起到的作用。道具不但在电影中是重要的视觉元素，在编剧过程中，物也是最重要的戏剧元素之一。可以毫不夸张地说，物是电影中无声的演员。下面我们来从几个角度分别论述一下，道具在电影中所起到的作用。

一、道具与性格

道具是人的活动对象，是角色的一面镜子。人类创造了为其所用的器物，反过来，道具无声地诉说着人类的存在，道具是人物性格的外化。这一点可以从许多方面加以证明。如在历史上，我们都知道关公那个年代还没有朴刀，关公很可能是用剑或其他兵器的。然而，在戏剧的舞台上和电影中，关公却必须要用青龙偃月刀，绝对不可以用板斧或钉耙。为什么呢？大家都会说是偃月刀体现了关公的性格。然而为什么偃月刀可以体现关公的性格？一把不会说话的刀怎么就象征了关公的忠勇和威武？这种象征因何而起呢？这是我们要思考的问题。一般来说，器物都是人造的，并为人所用，不同人物的性格会有意无意地反映在器物之上（如图2-27）。比如：粗壮的大汉，气力通常会比较大，单次完成的工作量也自然就会比较多，普通人的器物对于巨人来说，都会相形见小。因此这个人群往往会受到特别的关照，会提供与之体量相配的器物，这些器物在普通人眼里就是巨人的特权。久而久之，便形成了固定的思维方式。人们不但通过人物来观察他们使用的器物，而且还可以凭借经验，通过器物来反推出人物的性格，这是人们在日常生活中形成的生活经验。同时对器物进行推理也是人的一种能力，是人在日常生活中进行判断的重要依据，是人最基本的思维方式。电影正是利用了日常生活经验来包装戏剧中的人物，用道具来强化观众对器物反映对象的认知。通过人与物的互动，道具被融入了越来越多的社会元素和文化内涵。

道具与人物的性格

图2-27 道具与人物性格

二、道具与冲突

道具在编剧中的地位同样不可小觑。道具常常可以作为整部戏剧的线索，甚至结构整部剧本。

其一，可以用来建立起两个人的关系。如：一张唱片可以让两个素不相识的人产生关系；一根棒棒糖可以让人回味起一段甜蜜的回忆。道具是非常好的人与人之间的媒介物，在串连人物关系和故事情节的时候，一定不要忽视道具在其中发挥的重要作用。其二，道具在剧情中还可以起到其他元素不能替代的作用，单独看道具，它可以是一个中性物，只有当它与人发生关系时，才会有较明确的倾向性。因此在交代剧情的时候，可以先来交代道具，引起观众对道具的猜测，想象赋予道具品性。侦探片中往往是巧妙地利用道具，每一个看似普通的道具，背后疑云重重。道具正是以它的多意性和含义不确定性，巧妙地设置了引起多种线索的可能，起到一种误导观众思维的作用（如图2-28）。其三，道具往往可以起到贯穿影片始终的作用，剧情往往可以围绕着一件道具展开，通过道具不停地与接触它的各色人物展开关系。道具是最终贯穿故事始末的红线，它可以让故事中不相干的人和事情集中于一条清晰的线索之上。其四，物还可以作为一个故事的动因，作为启动故事的动力。如一件国宝的失窃、一张寻宝的地图被发掘、一封神秘的来信等，这些物都足以启动一个结构复杂的故事，物是开启动力之阀的钥匙。

总而言之，通过人—物，或者是人—物—人之间的关系，能够非常容易地构建戏剧的冲突，且相比人—人之间的关系，有物的因素加入其中会让故事变化出更加丰富的线条。

图2-28　道具的重要性

三、道具与欲望

道具在电影中还可以用来作为展现角色或者是人类欲望的一个载体。当今世界是一个物质化的世界，物质成为人类毕生的追求之一，物质与人的欲望息息相关，拥有物质的数量和质量是绝大多数人用来衡量和评价人生成败的标志（如图2-29）。电影的属性之一是大众娱乐产品，在电影中对于观众的物质需求不能漠视，电影中新、奇、特、贵的道具是吸引观众的重要方式。当然，道具并非都是小的物件，大的道具可以成为景物的一部分。一方面，人的欲望与物（物质）之间存在的密切关系，是影片运用道具的理由；另一方面，故事中人物的欲望是隐秘的内心的事物，如何让观众能够看到角色的内心，通过道具外化，是一种最好的方式。这样的例子很多，如《魔戒》三部曲就是运用了著名的道具物作为人类心灵欲望的标志物出现（如图2-30）。魔戒作为贯穿三部曲始终的道具，一直以作为诱惑人的欲望的概念出现，强烈地表现出了人类的欲望在理性约束下的煎熬。这是一个十分抽象的概念和心理活动，但围绕着欲望的象征——魔戒，形形色色的人物内心在它的面前展露无遗，这是物作为欲望象征的最为典型的案例。物在电影中既可以反映角色的欲望，也可以反映人类或大众的心灵欲望，让影片与现实生活形成有效的联动。

图2-29　道具与欲望（1）

图2-30　道具与欲望（2）

在此值得一提的是，广告几乎是表现人的欲望，同时唤起观众的欲望的最佳的例证（如图2-31）。绝大多数产品广告，都是以唤起人们内心的占有、获取欲望为目的的。往往是靠展现广告中角色的欲望为大众制造示范效应，从而调动观众的购买欲。汽车广告几乎都是在向受众阐述驾驭的非凡体验、尊贵的至尊体验和美好生活的幸福体验。这些体验说白了就是在唤起人们的欲望，用车辆与唤起的欲望相对应。从这一点来看，道具几乎就是广告的目的！

图2-31　广告产品与欲望

四、道具与抒情

道具除去展现人物的欲望之外，它还是人物寄情和抒情的重要媒介物。在电影中，创作者常常有意识地把故事中的某种情结寄托于道具之上，让道具成为这种情结的标识物。用它来唤起观众的某种情绪，如：睹物思人、睹物生情、睹物激愤等。创作者一方面利用联觉，把生活中的某些情境，某些特征物借入剧中，用以唤起人们的共同情感。另一方面，在故事中把人物情感寄情于物，用以向观众进行情感昭示，起到抒情作用。某些特殊道具如乐器、绘画等，可以起到寄情的作用，还可发出声音、演奏音乐、展现色彩等，它本身就是一个极好的抒情工具。很多优秀的影视作品会巧妙地借助这样的道具，用演奏、绘画或舞蹈直接抒发人的情怀，既可以作为叙事工具，又可以强烈感染观众的情绪，它是电影中非常重要的艺术手段。

道具还可以体现浓郁的地域风情，常常可以象征着一个国家或一个民族，抑或是电影中的某一个集团。创作者可以借助这样一个道具来抒发一种个体对于国家、民族或团体的归属感，把对国家、民族的无形的爱化为有形的、可以视听和触摸到的爱。把这种大爱寄托于"物"这一载体。这种手法在电影中屡见不鲜，一个帽徽、一面旗帜、一件遗物、一把黄土，都被用来借物抒情。同样是抒情，注意把握分寸和手法，许多影片过度使用或者是道具过于牵强，会给人以虚假煽情的印象，反而有害于情感的传达（如图2-32）。

图2-32 《父辈的旗帜》2006

五、道具的象征性

道具除上述的功能外还有一个重要的功用，那就是象征。在电影中，叙事主要依靠人物的动作（表情）、蒙太奇和台词，但有些抽象的概念如精神、崇高、境界、意志、品德等，光靠视觉化的东西很难呈现出来。当然，我们可以依靠大量的文字叙述、语言叙述来交代，但这样做会极大地破坏掉电影营造的假定情境，反而导致更差的效果。道具的象征作用往往在这种时刻发挥出其不可替代的作用，它可以被创作者塑造成一个精神层面的象征物，或者借用道具利用约定俗成的意向，用来表达和传递出一种抽象的精神来。如在爱森斯坦的《战舰波将金号》中，用雄狮的雕塑来象征着劳动人民的觉醒（如图2-33），用蛆虫来象征腐朽的统治阶级等，当然这种道具的使用是与蒙太奇手段密切结合在一起的。毫不夸张地说，蒙太奇正是利用了"物"的多意性，通过组合的镜头，对"物"的多意性加以界定和引导，让观众能够从限定中体会到创作者希望他们体会到的内容。如果创作者界定的范围比较窄，引导的痕迹比较明显，那观众便可以马上知晓创作者的意图，这可以为后续情节的发展做出准确的引导。相反，如果对"物"的含义界定比较宽泛，观众在理解上便会存在一定的自主空间，观众会把自己的主观情绪融入其中，参与整个故事的建构。故事含义的丰富性、内涵的延展性，主题的开放性，全部在于创作者对画面含义的准确性（或含混度）的控制。很多时候"准确度（含混度）"就是来自于对"物"的象征性、指向性的界定。

象征与人的心理逻辑关系也有着密切的联系，人们总试图找到两个事物之间的联系，即使是风马牛，在某种情况下，也会被人的心理用某种逻辑关系强行地联系在一起，这也是蒙太奇能够产生的另一个心理基础。象征很多时候并不是出于理性的选择，有时它仅仅是某种情境、某种情绪下的产物。比如说，当你正在烦躁的时候，一只苍蝇在你前面嗡嗡嘤嘤，你会觉得更加烦躁。苍蝇这个时候就充当了烦躁的象征，只要它一出现，观众就解读出你的烦躁又来了。

图2-33 《战舰波将金号》

更典型的例子还有，比如用酒杯的破裂象征着两个人感情的破裂。两种破裂并没有因果关系，但破裂的意念相同让两者产生了联系。还有东西方都存在的"不祥之兆或不祥之物"的说法，虽东西方存在着很大差异，但都有类似的非理性的象征。如西方人街上遇到黑猫，中国人出门时遇到了乌鸦，人们会认为很不吉利等，都是在人类心理的完形作用下，将两个事物强扯在一起，来给人心理找到一种解释。这是一个重要的命题，电影在很多时候就是在利用人的这一心理，人为地将观众的感情迁移到了某个"物"的身上，使其成为某种情结的象征，观众会主动为这个象征物寻找各自所理解和体会到的含义。如大家熟悉的电影《阿甘正传》开篇、结尾出现的那片羽毛，也许创作者有自己的象征意义，但这其实并不重要，重要的是观众通过观看这部电影，获得了感悟，并将之倾注于这片羽毛之上。观众自开篇看到这枚羽毛起，便引起了好奇，在故事的进行中也一直不能释怀，直到影片结束时，这枚羽毛再度出现，观众才终于找到了这枚羽毛所谓的"意义"（如图2-34）！很多情况下，创作者必须为观众保留"物"在影片中的多意性，要留给观众自己去完成"物"的"意义"的探索。哪怕只是一种心理结构上的设置，这个"物"也必须要添加。

图2-34 阿甘正传 1993

六、道具的叙述性及其他

除上述功能外，道具还可以用来说明时间和年代。电影中的时间感，大部分情况下要借助道具来完成，如一个物品的老化来证明时间的流逝，一个物品往复运动来表示时间的推移。道具还可以表现一个时代，钟表、日历也是最重要的表现时间的工具。在电影中，经常会出现体现某个时代的极具特征的道具，如20世纪70年代的毛主席像章和红宝书、80年代的双卡录音机和蛤蟆镜、90年代的大哥大和BP机等。一提到这些物品，马上就可以把中国这一代观众拉回到上个世纪的记忆中去，这些物品给了一代人共同的情感（如图2-35）。同时，道具还可以用来表现地域差异，如汉堡和碳酸饮料是典型的美国风貌，风笛和双层巴士独具英伦情调，三轮车和人字拖是东南亚风情，武士刀和榻榻米是典型的日本面貌。

道具在电影中的作用还有很多，如暗示、比喻、隐喻、交代职业、装饰画面，甚至还包括推销产品等。关于暗示这一块，它与象征有很多交差的内容，在此不做赘述；道具也可以用在角色与角色之间进行相互暗示。如剧中人物把杯子往地上一摔，就是示意同伙动手的意思。比喻和隐喻常出现在蒙太奇的镜头当中，如用壶水的沸腾来表现爱侣的激情高涨、用剥香蕉皮来隐喻脱去外衣等。比喻、隐喻也多与象征相近，常不好分清界限，也没有必要分清界限。

装点场景、交代职业是道具最为基本的用途，也是最普遍的用途，场景中没有道具的存在便会十分缺乏生气，缺乏人居住过的味道。道具是调整画面构图的重要因素，道具的形状、色彩都可以作为画面构成的有效方式，美工在布景的时候最为重要的功课之一就是安置好道具。道具还可以作为广告产品巧妙植入到电影当中，既可以作为一种纯粹的装饰物出现，也可以作为剧情推进的媒介物，还可以用来作为情感寄托物等，植入产品几乎可以被用来做道具能够做到的任何事情。只是要设计巧妙，避免牵强附会、生拉硬扯，以免破坏掉电影的情节和氛围。

图2-35　具有时代烙印的道具

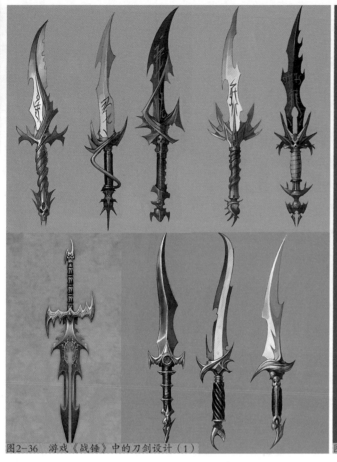

图2-36 游戏《战锤》中的刀剑设计（1）

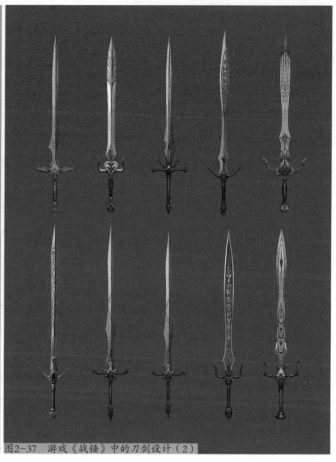

图2-37 游戏《战锤》中的刀剑设计（2）

以上是对道具（物）在电影中的作用给出多个角度的论述，论述未必全面，因为艺术本无定法，但不妨先从这几个角度去理解影片中关于道具运用的技巧，摹片和创作过程中着意留心物在电影中发挥的巨大作用，为今后的创作打开广阔的思路。在本小节中，未展开来专门就动画片进行论述，动画电影中，道具的运用还会有些更为新颖或更具想象力的使用方法，不妨多留意观察和思考。

七、道具的设计

关于道具，我们已经了解了它的重要意义，在此无须赘述。关于道具的设计，同样需要一个长期的积累过程。优秀的游戏和影片一定会为角色设计非常丰富且富于表现力的道具。在设计中需要认真地总结和思考。在学习设计之初，可以通过某一个道具着手来试着进行练习，比如为武士设计佩剑或佩刀，可以尝试设计白金级高手的佩刀和普通武士的佩刀，看看能不能够通过道具来反映出人物的不同性格。我们再来设想一下，加入白金级的武士是一位女性，那么她的佩剑又该如何设计，以表现她的女性身份呢？如果这位女性武士有一些魔族的血统，身上有一股邪恶的气息，那么又该如何来通过道具体现出人物的气质？哪些元素能够在宝剑上体现出高贵，哪些可以体现女性特征，又是哪些元素可以体现出一种邪恶气息呢？如果我们一时想象不出来，可以参考一些优秀的设计案例，在此提供一些《战锤》中的原画设计以供大家参考，我们可以细细体味一下，设计元素如何表达了角色的内涵（如图2-36、图2-37）。

除了刀、剑这些常见的游戏或影片角色道具之外，生活中还存在着大量丰富的细节值得我们去观察和体会。一个生动的场景加上一系列鲜活生动的道具，会营造出极具幻想力、十分亲切逼真的电影（游戏）空间。让人产生身临其境，感同身受的感觉。

　　道具在绘制上不像是角色和场景那样复杂，但道具更多地与故事和角色的性格、情感有关。在设计上，更讲求质量。一部影片的风格往往是由场景的美术风格决定的，而场景又决定了道具和人物的美术风格，一部好的作品，从场景到角色再到道具，都会形成一个统一的艺术风格。动画电影、游戏都是如此。我们一定不能孤立地看待它们，只有认真体会三者之间的关系，认真分析故事，体会它们各自在影片中发挥的作用，才能设计出优秀的作品来。

第三章　分镜头脚本设计

镜头脚本又称摄制工作台本，"分镜头剧本"又称"导演剧本"。也是将文字转换成立体视听形象的中间媒介。是导演将整个电影或动画片的文学内容分切成一系列可摄制或绘画的镜头的台本。将影片的文学内容分切成一系列用来叙事的镜头，以供动画片后续的加工使用。分镜头台本是体现导演意图的最重要的环节，通过台本完全可以看清一部影片的全貌。这个阶段也是视听语言、电影艺术集中体现的阶段，导演应倾注其全部的才华在这个阶段，用来实现一部优秀的影片的前期设计。后面大量的工作更多地是需要团队的力量来实现，而前期工作，则更多是导演配合个别的设计师和助手来实现和完成的。有很多动画界的大腕、著名导演都会亲自绘制分镜头，如宫崎骏、今敏和大友克洋等。尽管这些大导演身边绘画高手如云，但他们从来不会把这部分工作交由别人来完成，因为在这个工作环节中，他们的创作意图能够充分地表达出来，就动画电影创作而言，没有任何一个环节的重要性超过这个部分（如图3-1）。

初学动画希望尝试短片创作的朋友更应该如此，如果想创作一部优秀的短片，动画的前期无疑都是需要自己一个人来完全把控的。动画片完全是依靠视听语言来讲故事的，它不同于文字脚本，不能使用抽象的词汇来表述情节，讲述事件。只能依靠画面（镜头）和动作来讲述故事。当然，声音和对白是叙事的重要手段，但不是本书需要涉及的内容。本书重点还是在绘画设计方面，即如何通过画面来讲述故事。

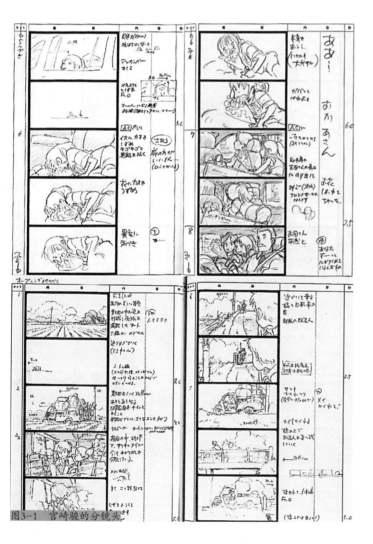

图3-1　宫崎骏的分镜头

关于动画的分镜头台本主要涉及以下几个方面的内容：景别、角度和镜头运动。镜头运动包括：镜头内的运动、镜头间的运动连接和镜头自身的运动。这应该是动画脚本叙事中最为重要的内容了。下面，我们分章节逐一介绍分镜头中的几个重要的关系。

第一节 景别

我们可以把景别称为是电影最基本的语法。只要有景别存在，它就一定是电影，而不是戏剧或其他的艺术形式。

一、景别的概念

景别在电影中专门用来指画框之于人物的比例关系。由于摄影机与被摄人物的距离不同，而造成被摄人物在电影画面中所呈现出的范围大小的区别。景别的划分主要可分为六种，由近至远分别为：大特写（下巴以上）、特写（人体肩头以上）、近景（人体胸部以上、胸肌下缘）、中景（人体耻骨以上）、全景（人体的全部）、远景（被摄体所处环境）。在景别间还存在着中近（肚脐以上）、中远（膝盖以上）、大全（人物在场景中，但相对比例较小）这样的过渡景别以及超大特写这样极端的景别（如图3-2）。动画电影的景别概念主要是借鉴实拍的电影镜头，在动画中实际上并不真正地存在镜头，而是一种画面的构图。但动画片通常采用电影的视听语言，因此动画片也不得不使用镜头这个概念。动画片的语言来自于电影，因此我们学习的依据也往往是电影。

之所以用人作为衡量对象，是因为人在整个画面中的比例关系相对比较恒定，其他物体很难作为景别衡量标准。但景别不限于人物，对道具、景物也同样适用。我们也经常把道具的细节、建筑的细节的取景称为特写。这个概念本是一个相对的概念，但当景别的概念用于人物时，要求还是比较严格的。我们可以通过电影中的画面来给大家做出说明。摄影师对角色的取景往往会比较严格地遵循景别的取景规律。经过职业训练的摄影师不会随意构图，长期总结而成的景别范围，对构图有着重要的指导意义。家用DV摄像与电影影像的一个比较重要的区别就在于景别的严谨程度，我们在看电影的时候，往往会觉得电影的取景是非常讲求景别的范围的（如图3-3）。对于一个电影摄影师来说，长期的审美训练已经使得构图意识深深烙印在他的头脑中，也许他对景别的概念并不像是初学者那样一板一眼、中规中矩。但对于初学者来说，规范的景别意识对审美和电影的叙事都有着重要的意义。这要求我们绘制分镜头的时候也是如此，要对景别有十分敏感的认识，构图不能太随意。不过与电影相比，动画片的景别常常有着自身的特点。在看动画片时，我们常常会觉得有的动画片很"像是"电影。而有的动画片却不"像是"电影。尤其是儿童动画片，通常人物都是全身出现在画面里，无论说话，还是做事，很少会用到特写或大特写镜头。这是因为动画片的特写和大特写往往会使得镜头看起来很空，它不像电影那样，能够给观众带来更丰富的信

景别与影片实例对照表

景别	实例
超大特写 人体局部	
大特写 以五官为中心 通常为 下巴至脑门	
特写 通常为 肩头以上 发际线以下	
近景 通常为 胸肌下缘 以上 头全	
中近景 通常为 肚脐以上	
中景 通常为 耻骨以上	
中远景 通常为 膝盖以上	
全景 通常为 人全 顶天立地	
大全景 人与景物 比例悬殊	
远景 只见人群 分不清 人物个体	 超远景 鸟瞰 城市 世界等等  图片来自于 华纳出品 沃卓斯基执导的影片 《黑客帝国》1999

图3-2 景别概念《MatrixI》1999

电影画面的构图　　　普通家庭录影截图

图3-3　电影画面与家庭录像在景别构图上的差异

息。动画往往是由线条平涂，或者是三维模型构成，其丰富程度与电影远远无法相比。因此，在讲述故事的时候经常会使用中近景这样的景别，甚至常常使用全景来讲故事。当我们看惯了电影的叙事以后，就会觉得这种动画片的镜头很特别，这也是动画最重要的特点之一（如图3-4）。

二、景别与叙事

　　景别是如何在叙事中发挥作用的呢？原因很简单，因为景别实现了信息的筛选功能，通过放开和收紧画面来控制观众的注意力。我们可以通过下面的图例来加以体会。图例中分别给大家提供了三个景别，这三张图片均来自于一张照片（《满城尽带黄金甲》的剧照）。我们看到第一张图片的第一反应是：啊好大的场面，好多的菊花。我们再来看第二张图片，这一张进入到我们头脑的第一个概念就是走来了一群人，有男有女，更细致一点还会看到女的是巩俐，男的是刘烨等。第三张图片我们看到的明确信息是刘烨神色凝重，心事重重。朋友们也许会见怪不怪，觉得这很正常啊，大家谁都看得出来啊！可是关键的问题是这三个景别其实都截取于一张图，但为什么我们通过三个景别却看到了截然不同的信息？为什么我们在观看第一张图的时候，第一注意力不会指向刘

图3-4　卡通叙事中的全景景别

烨凝重的表情，尽管他的表情出现在了这幅图片中？而再来看第三幅图，我们第一注意力注意到的是刘烨的表情，而非后面的黄花（如图3-5）。这就是景别的作用，电影创作者们正是依靠景别来控制信息的流量，进而来引导观众的注意力。换句话说，导演在引导观众看他想让你看的东西，不同的景别，信息的指向是完全不同的。这样便可以构成完整的语句。

举例说明：C-1一个全景，车水马龙的城市；C-2一个拥挤的公交车站；C-3 一辆大巴士进站；C-4人们拼命拥挤上车；C-5 过街天桥上，一个人拼命跑过来；C-6人们涌向车门的特写；C-7来人从天桥上向前拼命奔跑；C-8 拥挤的人群上车，车门关闭；C-9 来人跑入站台，汽车启动开走。当读完这段文字后，我们的头脑中就会自动地把这几个镜头串联成一个情节，即一个人追赶公交车，没有追上。我们看，C-1镜头是在交代一个大的环境，告诉观众故事发生在一个什么样的地方；C-2镜头是切入故事发生的情境；C-3~C-8是表现了事件发生的过程；C-9是事情的结果。这一组镜头每一个都为故事的发展提供了一个合适的景别，在这个景别中都为展现镜头内容提供了一个最适合的构图，观众刚好能够注意到镜头内的动作内容。如果在一个很大的场景中交代上述一系列的动作，观众就有可能看不清楚究竟发生了些什么，这就是景别的重要作用（如图3-6）。

景别最重要的两个概念一个是画框大小，另一个是先后顺序，这两者发生变化都会影响故事的叙述。如上面的例子中C-1如果不是一个大全景，而是一个建筑的特写，则故事的意义就完全发生了变化，故事不是在交代一个城市中发生的事件，而变成了一个特定的环境里面发生的故事。C-2如果不交代一个拥挤的公交车站，就不能够表现出乘坐公交车的上班一族的艰辛和清贫。这些景别都是有目地在向观众提供着信息。另外先后的顺序也不能颠倒，如果把C-9镜头插入到C-4镜头后面，那就成了来人刚巧跑过来，公交车就进站了。这样故事的内容就完全改变了。可见景别的大小和先后顺序对叙事都起着十分重要的作用。

图3-5 景别与叙事《满城尽带黄金甲》2006

《小兔兰多》第十集：X战队

页数：1

镜号：1　　1秒10格　POSE：　　　镜号：2-1　　3秒　格　POSE：　　　镜号：2-2　　　秒　格　POSE：

动作：落日，立交桥上车水马龙。　　　动作：公交车站台上，人头攒动车来车往。动作：

《小兔兰多》第十集：X战队

页数：2

镜号：3-1　　1秒11格　POSE：　　　镜号：3-2　　　秒　格　POSE：　　　镜号：4　　1秒2格　POSE：

动作：等待的人群　　　动作：大公交车进站，人群拥向公交车门口。　　　动作：人流拥挤入车内

《小兔兰多》第十集：X战队

页数：3

镜号：5-1　　1秒　格　POSE：　　　镜号：5-2　　　秒　格　POSE：　　　镜号：6　　1秒　格　POSE：

动作：兰多妈狂奔着，边跑边喊。　　　动作：天桥上行人走动　　　动作：人群中，两个从人群后拥到车门口。

《小兔兰多》第十集：X战队

页数：5

镜号：9-1　　2秒3格　POSE：　　　镜号：9-2　　　秒　格　POSE：　　　镜号：9-3　　　秒　格　POSE：

动作：妈妈从底边入画气喘吁吁。　　　动作：　　　动作：妈妈上气不接下气，俯身下来。

图3-6　《小兔兰多》分镜头

在这里还有一个问题需要给大家澄清，就是一个镜头绝不等于一个景别。例如长镜头的电影，从前到后可能只有一个镜头，但绝不等于只有一个景别，只有戏剧才不会有客观上的景别变化，只要是电影就一定会存在景别上的变化，否则它也不能称其为是一段电影，而至多说那是一段录像而已。可以说景别的变化是电影最基本的特征。因为不论是通过镜头分切，还是长镜头内人物通过调度实现景别的变化，都是电影的根本手段，都是在用影像来模拟人类获取信息的过程。电影的景别是有意识地对镜头内的内容进行选取，选取的过程就是创作过程本身。电影必须依靠景别的手段来引导观众的注意力，才能实现创作的目的。动画片的创作者也是通过景别控制和景别顺序来构建故事，建立逻辑关系的。这也正是动画电影叙事的基础，绝大部分的动画片是对电影语言的模仿，动画片中景别的概念让独立的画面形成了逻辑关系，让不同的画框之间产生了流动的故事情节。动画片的独特之处在于，可以用非写实的画面来构成景别关系，一样可以顺利地讲述故事。动画片就是对人思维和认知的一种模拟。只要符合人的认知过程，人的大脑甚至可以忽略掉许多真实的信息，其中就包括空间、光线、质感和体积（这些是明斯特伯格所认为的电影制造的幻觉）。由此我们可以看到景别本身就是人的认知方式。

三、景别的信息指向

接下来，再来简单分析一下景别与画面信息的指向性。大家都已经了解不同景别与人物的比例关系，景别不同，画面信息含量也是完全不同的。当景别是人物特写时，信息的指向非常明确，导演要观众理解的内容会清晰地呈现在画面中。反之，当画面是全景或大全景时，画面的含义就会相对模糊，注意力的指向就会分散。举例来说：如果一个镜头表现的是人嘴角边粘着的饭粒，大家看到这个镜头时都会注意到这个细节。然而，当我们改变景别，变成是一群人的课堂，粘着饭粒的人只是一大群人中间的一个，观众恐怕根本就注意不到画面中的这个人了。画面的内容指向性也会随即发生变化，从指摘一个个人的状态，变成描写一个群体的状态了（如图3-7）。

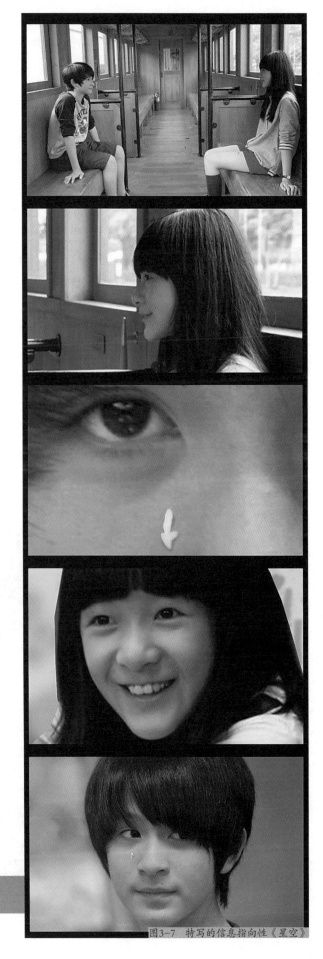

图3-7 特写的信息指向性《星空》

　　创作者正是依靠着这个信息量的阀门，来控制观众对于电影情节的理解，也正是依靠信息的清晰度和模糊性，来创造故事的"意境"。当然全景和大全景有时候也可以用来交代一种状态，表现一种氛围。如拥挤的公交车站，这个全景的画面目的就非常明确，就是要交代出"拥挤"这个概念。再比如，一个休闲的海滩，全景拍过去，画面中一对对男女躺在躺椅或沙滩上，碧海蓝天，这个镜头内容虽然很丰富，但它的主题就是"休闲、惬意"这个概念。因此景别与信息明确性的关系也不是绝对的，视具体情况而定。但总地来说，全景以上的景别可以表现更加丰富的内容，可以表现更多抽象的含义，也更容易具有多意性。大全景或远景，主要用来展现风光以及人物与景物的关系，这种关系可以是具体的，也可以是一种全貌似的呈现，是故事假定空间的渲染和展开。全景中的景别（中、近等）主要用于交代人物的状态，全景、中景适合表现人物的肢体动作，以肢体语言作为主要的呈现内容。观众与角色之间保持一种"适度的"距离感，这种适度的距离感类似于生活中普通人之间接触的范围。而近景、特写则是对角色的带有"压迫感"的逼近，这时观众的注意重心主要集中在人物的心理活动上，观众处于一种介于自身和角色之间的状态。角色的心理变化会直接通过角色的表情传递到观众身上。比如我们看到一个怪兽，用黏糊糊的毒舌舔舐一个少女脸颊的时候，观众不由得自己的身上会泛起层层鸡皮疙瘩，这就是有效代入，在舔舐的画面下，观众分明地感受到了在舔舐自己，甚至引起生理上的反应。特写是一种非生活化的状态，生活中的人与人交流，很少有特写这样的距离。在特写镜头中，观众几乎可以把自己完全代入到角色的内心世界，银幕上的角色在这一刻分明变成了观众自身。我们看到的不再是"他人"的故事，而是自己亲历其中的"体验"（如图3-8）！

图3-8　《西游降魔篇》

第 二 节　视角

　　如果把景别比作是画面的构图，那么视角就是构图中最重要的问题，也就是镜头从哪个角度拍摄的问题。电影中的视角虽然是由透镜的透视规律产生，但更多是观众感受到的心理视角，一方面与人的视域有关，另一方面主要与人的视觉记忆和心理习惯有关。

一、视角与透视

　　电影画面是二维的空间，只有长和宽，要想给画面加入纵深感，最好的办法就是模拟人眼睛看到的透视效果。摄影机的镜头就很好地模拟了这种效果，当然三维动画中的虚拟摄像机也是在模拟这种效果。以至于我们误认为，摄影机记录下了"生活的现实"，这其中甚至也包含了许多电影理论家。直到精神分析和符号学被引入到电影的理论中来，我们才得到了电影是幻想，人物的运动并不存在，故事是在观众头脑中生成的理论。这一方面说明了理论者对电影认识的加深，但同时也不能不说电影理论家们对动画片的严重忽视。

　　动画片最早就向世人证明了人们看到的运动的图像可以完全不来自于真实的世界，可以不去模拟真实的透视，画面根本就不是真实的连续运动的记录，动画完完全全就是呈现给观众的幻象，呈现的是根本都不存在的东西——形象不存在，运动更不存在。然而，动画始终没有得到电影理论家的偏爱，理论家们舍近求远，从电影的身上解读出了电影是人的心理影像的本质。这是个十分有趣的命题，为什么动画片至今都没有一个明确的艺术身份呢？

　　今天三维动画的诞生几乎是对电影系统完全的照搬，在动画的世界里有了"摄影机"，有了被拍摄的"演员"、立体的场景，甚至还有了"真实的灯光"。这一方面是科技给动画带来的进步，另一方面也不能不说是动画艺术对电影艺术的全面屈从。就我这本书而言，也是如此，全部在用电影的理论来分析动画，指导动画的创作。其实动画大可不必完全照搬电影创作的思维，在动画中我们只是借助透视来唤起观众对真实物象的记忆，用绘制的方式来表现真实的场景和角色，是在极力地模仿镜头记录下来的东西。而镜头模拟的是人的视觉记忆。电影由于透镜的束缚，不得已必须要坚持客观的透视变化。而动画则完全是自由的，动画可以完全没有必要去模拟人的视觉记忆，可以随时突破和改变客观的透视规律（如图3-9）。动画片可以制造出超越人的视觉经验的物象来。比如从远处迎着观众的方向跑来一个大个子的巨人，但他不是越跑越大，而是越来越小，完全违背近大远小的透视。再比如一个仰视的摩天大厦，一个人走过去后，发现仰视的摩天大厦仅仅是一个歪脖子的建筑而已；一个人从高空落下的画面其实只是他在一个平躺着的建筑墙面上爬行等。可以发现，动画片能够任意打破物理空间，当然在我们否定物理透视的时候，其实是在借助人的心理透视，因为透视本身就是人的头脑获得影像信号的一种方式而已（如图3-10）。说到此，我们不得不佩服中国人的审美，中国人几千年居然可以不按照人眼睛获取影像的方式来绘画，完全出于自我的一种情感需求来进行画面的安排，这不能不为人所惊叹。

图3-9　立体的电影空间和平面化的卡通空间

二、视角与心理

关于视角，除了与人眼睛的透视有关，还与电影内容需要有关。比如用平拍的方式没有办法展现一个体育赛场的全貌，这时就可以进行一个空中的俯拍，这样的俯拍往往被称为"上帝的视角"。在电影的情节中，观众只需要获得他们需要的信息，至于信息来源的合理性是不在考虑范围之内的（最起码不在第一反应之内）。比如：第一个景别交代一个全景的体育场，用俯拍的方式，远景；第二个镜头，中景主人公上场，进入画面；第三个镜头，特写主人公满头大汗，焦急的眼神。从这三个镜头观众了解到，一个人在体育场外焦急等待这样一个事件。在解读这个情节时，观众从来没有考虑过，第一个镜头距离角色一千多米，且离地面也有几十米；第二个镜头距离角色两三米；而第三个镜头距离角色十几公分。连在一起，观众是怎么在这一瞬间实现了空间跨越，而又没有任何察觉的呢？这是由于人的意识只注意记录"有用"的信息，其他信息一概删除掉了。在《电影作为艺术》一书中，爱因汉姆认为："在现实生活中，我们满足于了解最重要的部分，那些部分

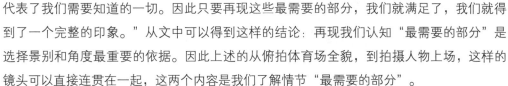

图3-10　视角与立体的错觉

代表了我们需要知道的一切。因此只要再现这些最需要的部分，我们就满足了，我们就得到了一个完整的印象。"从文中可以得到这样的结论：再现我们认知"最需要的部分"是选择景别和角度最重要的依据。因此上述的从俯拍体育场全貌，到拍摄人物上场，这样的镜头可以直接连贯在一起，这两个内容是我们了解情节"最需要的部分"。

　　在动画的分镜头设计过程中，好的视角可以实现一个优美的构图效果，所以视角往往是构图需要考虑的一个重要元素，但不管怎样，构图是为了讲故事的需要，这是最根本的原则，我们绝不能仅仅是为了追求构图的好看而去破坏电影叙事的节奏，这样做无异于舍本逐末。在动画片中，为了增强空间效果，往往会借助一个透视感较强的画面来展现，画面通常有比较强烈的前景和背景的对比，会极力夸张远景物与近景的对比关系，形成鲜明的大小、明暗上的对比。让二维的画面呈现出强烈的空间纵深感。增强身临其境的感觉，这是对真实的三维空间的一次极力的模仿。电影，这个二维空间的假象，就是依靠这种手段来为观众营造梦境的。

图3-11 《埃及王子》中的视角

下面通过对《埃及王子》的片例进行分析，来体会镜头设计中视角的美感（如图3-11）。在《埃及王子》开场的动画里，有一段十分精彩的片头。在强有力的音乐节奏下，奴隶劳作的场面徐徐展开。画面用大的纵深感，表现了尼罗河平原的广阔以及埃及金字塔、神庙等建筑的宏伟气势。创作者用大的俯视视角或仰视视角表现了高高在上和卑微的两种不同的视点，突出了奴隶主与奴隶的对立和冲突。视角在这里不单纯是一个构图的需要，而是戏剧冲突的体现。在影片中，我们能够多次从视角的设置上，感受到法老王朝对奴隶的压迫，以及摩西带着上帝的使命回来拯救苍生的悲悯之情。这些情感因素，如果不使用视角的方式来表达，是很难给观众带来直观感受的，视角给了观众充分的心理暗示功能，这是视角在影片中的重要作用之一。在影片中，创作者还有意识地夸大了人物与场景之间的比例关系，让场景和环境看上去更加修长、巨大，而人物则看上去更为渺小。这样做有利于夸张视角的透视效果，增强近景和远景之间的对比关系，加强对观众的视角暗示作用，这些都体现了创作者独具匠心的地方。《埃及王子》一片虽然票房不尽如人意，但从动画艺术的角度上来看，绝对是一部经典的动画影片，影片从造型到场景、再到视听语言，都有许多值得动画爱好者反复咀嚼的地方，如有兴趣可以找到此片细细品读，相信大家会有很大的收获。

上文从几个不同方面对视角的问题加以论述，虽不尽全面，但能够让我们用新的眼光来看待一部影片中视角所能起到的作用，在创作影片时，不会再盲目地运用这一视听语言。在今后拉片的过程中，要更好地体会更为丰富的动画语言，让你的作品更具表现力。

第 三 节　镜头与运动

　　电影是一门表现运动的艺术，这在电影理论上早已成为共识。动画更是如此，天生就是为了表现运动。不论是中国的走马灯，还是西方人发明的诡盘，都是在想办法通过人为的方式创造一种运动的效果。

　　在电影中记录运动的最基本的方式是镜头，即摄影机从开始录制到停止录制的过程，我们称之为一个镜头。当然在影片中会对镜头的内容加以剪辑，去掉前后多余的部分，保留选取下来的最重要的内容。动画虽然没有开机和关机的过程，但动画借助于电影的视听语言来讲故事，所以也不得不模拟电影的镜头方式。李安导演的《绿巨人》试图打破镜头的概念，用一种漫画画格的方式来破除镜头段落的效果，尽管有新意，但这种花哨的小技巧仍然摆脱不掉镜头概念的本质，镜头仍然是电影叙事必备的单元（如图3-12）。但不可以把镜头看作是电影最小的单位，因为有的镜头本身就可以构成一个章节，甚至是一部完整的长篇，因此镜头并不是一个科学的叙事单位。在我看来，电影最小的单位可以看作是一个带有表意含义的动作。动画在这一点上效果更为明显，每个镜头实际上都是在有意识地让角色完成某个动作，通过这个动作来表达一种确切的含义。接下来我会用较大的篇幅来阐述这个观点。

　　说到人与人之间的交流或信息的传递，我们最先想到的是语言和文字，而且对此深信不疑。然而事实并非如此，我们获得的绝大部分信息，来自于运动。人对运动的敏感程度远远超过任何一门语言。举个例子大家就能够明白，同样一句话，我们可以从一个人的表达中看到多重不同的含义，说话人细微的眼神变化，可以瞬间让这句话产生完全不同的含义。我们通过一个人的动作、表情和语气就能够洞察到他的内心世界，而这一切信息的获

图3-12　《Hulk》中独特的镜头转换

得也许只需要0.1秒钟。做过动画的朋友都会有这个体会，在动画中1秒钟是一个很长的单位，在一秒钟里，我们可以完整地表达几个含义。观众接受含义的过程也是个十分快速的过程，比如表现一个首肯的动作，动画中的人物只需要一个轻轻点头的动作，一瞬间观众就能明白其含义。这比语言和声音都要快许多。其实这一点并不难于理解，在生活中，只要稍稍留意一下就会发现，在人与人面对面的交流中，表情、动作传递的信息远远多于语言传递出来的信息。这也是为什么人们更相信看到的，而非是听说的原因。人对语言和文字有一种天生的不信任，在人的进化历史上，肢体语言伴随了人类上百万年，而语言尤其是文字，不过短短几千年。人在目视对方，听对方说话时，要比只听声音或只看文字获得丰富数倍的信息，这些信息远多于文字所能承载的内容。这也正是视频电话为什么迟迟不能普及的原因，事实上，视频通话的技术早已成熟，但却不能在生活中普及，很大一个原因就是人在通话的时候，不希望对方获得更多的信息。巴拉兹贝拉在他的《电影：可见的人类》一书中就谈到了，电影让人重新回到了可见的状态，电影的发明与历史上的文字的产生和印刷术的发明一样重要。但从某种意义上来说，电影比印刷术的作用还要重要，因为它头一次创造性地利用了人的另一套潜在的语言系统——视听语言系统。这套语言系统的丰富性远不是我们现有的文字语言系统可比的，因此用索绪尔等人提出的语言学理论来分析电影的语言是徒劳的。不过在这里倒是给了我一个相反的启示，人类的语言究竟缘何而起？人类既然有了对肢体、表情和声响的交流方式，为什么还会进一步创造语言？语言的产生有着一个什么样的动因呢？从语言的结构来看，我有一个大胆的猜测：语言的产生与人对动作的表达有密切关系。最早、最原始的语言应该就是一个基本动作的描述，因此才形成了一个"主谓宾"的结构，主、宾是指代性的，而谓语所指的就是一个"动作"！主、宾的所指都是具象的，唯有谓语动词的所指是抽象的（它只是一个"时间流"）。而电影恰好能够把这个"时间流"表现出来，因此麦茨在花了十年时间研究了电影的符号学系统后，不得不承认，电影的所指即电影的能指，由此放弃了电影可以作为符号学的对象来研究的努力。

上面讲述了这么多内容，看似与动画创作无关，其实有着密切的关系，它能够让我们从根本上理解动画的本质到底是什么，这样才能更好地理解镜头，理解镜头中的运动。在此需要解释一下"运动"这个概念。运动之于人的感知可以被分成生理感知和心理感知。当运动被人的眼睛捕获之后，人的大脑会自动把捕获的运动信息进行分类：有物理类的运动，如车辆的空间位移，透视变化等；也有符号化的运动，如人物的手势、表情等。当然运动分类绝不是这两种，这里只是列举了可能与后文的探讨有关的这两种类型。与动物相比，人对符号化的运动感知尤为发达，人们可以借助运动的符号来形成"意识"，再对意识模块进行处理，进而提取到"含义"，形成人的思维。电影中我们看到的是什么？主要看到的表意的信息就是"符号化的动作"；而物理化的运动则给我们提供对真实世界的感知。上述说法可以解释为什么动画可以简练到只有一条线勾勒的小人，却仍然可以让我们真切地感受到重力、速度、空间透视变化。同时，还解释了为什么动画片可以通过如此简单的线条来表达人物的情感、思想和故事情节。因为人面对屏幕读取到了画面与画面间的变化所产生的运动幻象（仅是一根线条的变化就足够），而这运动的幻象为我们提供了真实世界的物理感受（运动规律）；同时，还通过漫画人物肢体及表情的符号化动作，为观众传情达意。可以说动画片是电影符号学最有力的论据（如图3-13）。

接下来重点讨论物理类运动和符号化运动在电影中的表现，来深入分析一下动画是如何通过一个个的动作来完成影片的叙述的。

图3-13 动作的表意性

一、镜头内的运动

通过第一节关于景别的描述，我们了解到了景别分切的原理。如果一个固定的景别是一个镜头的话，可以观察一下角色在一个景别内都做了什么，即观察一下镜头内的运动。可以找一部早期的卡通影片来进行分析，目的是先排除语言和镜头的运动对镜头内的运动带来的干扰，更便于看清楚一个镜头内需要什么样的基本信息。观察一个段落，看看在这样的镜头中，运动（动作、表情）究竟在承担什么样的作用。

以动画片《猫和老鼠》系列中的一集为例，来认真解读一下每个镜头所承载的信息。用图表展示如下：（如图3-14）

通过上面的表格分析可以明确地看到，我们通过看画面获得了创作者希望我们获得的故事情节（镜头内容），我们获得的故事情节是通过一系列的"分解动作"来实现的。观众正是通过对这一系列"动作含义的解析"读懂了创作者的创作含义。根据符号学的原理，这一系列的动作设计确实是一个编码的过程，创作者运用动作的含义来进行编码，观众在观看时获取了这些编码，并根据自身的经验进行解码，解码后得到了创作者的创作意图。

解读动作与叙事之间的关系　　　　　　　　　　　　　　　　　**图片来源自猫和老鼠系列动画片《进步与机械化》1940**

镜号	画面	镜头内容（情节）	动作分解	动作含义解析
1		一个星球，全景。	两个卫星绕星球飞行。	交待故事发生的背景环境。
2		一个繁忙的工作场面。	机器人抢镜头，运输车快速横穿画面。	进一步交待故事背景。交待出一个未来的工厂环境。（机器人抢镜头和运输车运动都在为表现工厂的状态服务。）
3		杰米坐在监视器前，调出一只机器老鼠。并派它去执行任务。	杰米按了一下按钮。屏幕亮起，出现一只机器老鼠。机器老鼠做机械运动。杰米又按下了另一个按钮。机器鼠停止机械运动，左侧出画面。	杰米按下按钮->启动机器老鼠。机器老鼠做机械运动，表现其机器鼠的特征。杰米再次按按钮->机器鼠停止机械运动，飞出画面，表现它在接到了杰米的指令后，开始去执行任务。
4		机械老鼠飞速奔向目标。	机械老鼠水平向左移动（用背景向右移动表现）。	通过三个机器鼠飞奔的镜头，表现机器鼠在向着某个目标移动，通过三个空间变化表现机器鼠经过了一段想象的空间。（动画片中，空间本不存在）
5			机器鼠纵深运动。	
6			机器鼠纵深运动。	
7		机器老鼠停在车间门口，在机器工人出门的一瞬间，溜了进去。	机器鼠等待。门打开。机器工人走出。机器鼠快速进入。门关闭。	机器鼠上下颤动，表现机器的特征。门横拉开，横关闭，也表现机械的特征。机器人搬运货物走出，目的非常明确，既交待门内的"车间"性质，又给机器鼠进入提供合理解释。（其实这里存在巧合，机器鼠刚到，工人就开门搬物品，其实并不合理。）
8		杰米挥去了一把额头上的汗珠。	杰米面向监视器，做擦汗动作。	通过挥汗这个动作，说明杰米为机器老鼠顺利进入车间而捏了一把汗。这个挥汗的动作是个典型的"符号"是具有典型的"表意"性的动作。
9		机器鼠穿过劳作着的工人，来到了奶酪前。	机器工人抢镜头。机器鼠进入，从抢镜头的机器工人背后溜过。	本镜头第一个画面表现的是机器人抢镜头劳作的场面，目的是向观众交代车间内的劳动情况。机器老鼠进入，并快速从工人背后溜入。镜头跟随横移，交代机器鼠成功溜过了机器人的监视。
10		机器人来到奶酪前，偷取一块奶酪后离开。	机器人打开舱门，伸出机械手，抓取一块奶酪，放入舱门，收起机械手，关闭舱门，转身离开。	在这个镜头中，主要展示了机器鼠获取奶酪的完整过程。用机械化的动作，表明机器鼠的特征。画面主要目的就是告诉观众，机器鼠拿到了奶酪。

图3-14　猫和老鼠系列《进步与机械化》1940

在符号学的研究过程中，人们常常不自觉地按照语言符号学的逻辑来进行分析，语言、文字来自于约定俗成，是纯粹的理性思维产物。而电影的符号系统绝大部分来自于人对现实的经验。因此在影片制作和放映的过程中，创作者和观众都没有意识到他们之间究竟依靠着什么样的基本元素在进行交流。让·米特里在《电影作为符号》一文中，就对此进行了相关的论述："实际上，'语言'的特性就是通过一个不同于所指的实体以中介的形式表达含义。相反，在电影中，意义和所指物合而为一，它是通过自身表达意义的，即直接表达意义。因此在这里，语言、表述或概念只是隐喻性的。它同样也是一种认识，因为它虽然是直接呈现的形象（即通过自身表意），但毕竟是隐喻性的认识，也暗含着表述性思想与对象之间的区别。"当然，电影中的交流方式相当丰富，它可以通过多套系统实现意向的表达和传播，所以很难把上述的表意动作作为电影语言系统的最小的切分单元。但需要注意的是，动作可以作为一个主要的研究对象，有理由被视为是电影语言中的最小单位，这样创作者的表达才真正地落到了实处。

下面结合前面的表格来进行更深入的论述：在第3个镜头中，杰米有一个按下按钮的动作，这个动作可以理解为是一个"词汇"，这个词汇的含义就是来自于约定俗成（如图3-15）。为什么所有的观众都不质疑按按钮与机器老鼠出场之间的必然联系？因为所有的观众都理解按下按钮的含义，并且有按钮按下后一定会出现一个后果的预期！是什么让所有的人都有了这种共同的认识呢？是生活中共同的经验。这个简单的按按钮的动作是一个几乎没有歧义的词汇。观众绝不会把按按钮的动作理解为其他的信息。就像我们看到"狗"这个文字时，会马上联想到狗的形象，而非其他内容。而且对于按按钮一定会引发后果也有着强烈的心理预期，在按按钮这个动作后面接入一个什么样的后果，观众几乎都是可以接受的。如电影中有一个人按下了一个按钮，下一个画面马上是一个核爆炸的场面，观众会毫不怀疑地把二者联系起来，哪怕这个按钮与核爆炸没有任何关系。把核爆换成是其他后果也完全成立，如一辆汽车爆胎、一个杯子爆裂、一个水管喷水、一个美女晕倒、一个火山喷发等（如图3-16）。在这个案例中我们显然是看到了一个语义指向明确的"词汇"。而这个"词汇"不像是我

图3-15　小杰点按按钮

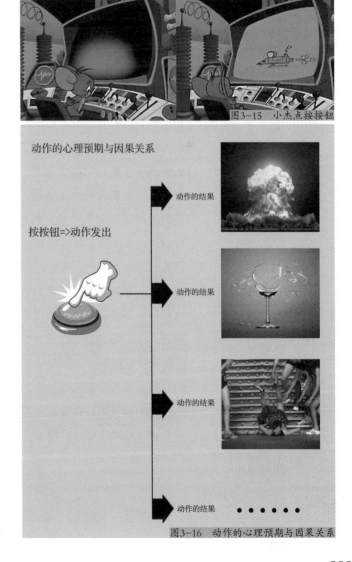

图3-16　动作的心理预期与因果关系

图3-17　机器鼠颤动《进步与机械化》1940

图3-18　小杰挥汗《进步与机械化》1940

们的语言，我们能够清醒地意识到它的存在；电影中的词汇往往是观众自然而然便接受了的所指，以至于让人怀疑它没有基本的词汇。不妨再来看一个图表中的例子，第7个镜头，机器老鼠在等待进入车间的时候，身体在上下颤动（如图3-17）。动画师为什么要设计这个"颤动"的动作？目的很简单，是为了让这只机器鼠看起来更像是一部机器，像是一架老爷车那样，在等候的状态下，车身会发出上下的颤动。问题来了，这是一部动画片，表现的又是一个未来高科技的时代，机器鼠还需要像老爷车一样吗？显然不需要，它可以静静地纹丝不动地等待。然而这不是动画艺术家想要的效果，艺术家愿意用大家最熟悉、最亲近的语言来描述机器老鼠的状态，只有用观众最熟悉、最亲近的语言，大家才能够取得共鸣，才能真切地感受到机器老鼠机械工作的状态，这就是这个动作存在的理由，这个动作就像是语言中的一个修饰性的词汇。在这里我们看到了动画片与电影的不同，动画片直接创造了角色需要的动态，而电影则需要在生活中捕捉到这些能反映事物特征的动态。如在电影中表现一台车辆处在没有熄火整装待命的状态时，就必须要拍到车身在颤动的画面，同时听到车子引擎空转的声音。接下来，再看镜头8中的动作，杰米在看到机器老鼠成功进入车间后，靠在椅背上，用手在额头上甩了一把汗（如图3-18）。这个动作也具有很强的"表意"性，做这个动作的主要目的就是为了反映杰米的内心活动。那么这个动作和人的心理又是怎样联系起来的呢？这个动作来自于人的生活经验，却是生活经验的再提炼和升华，进而形成了类似于手势的一个动作，这个动作被赋予特定含义，就是用来表现紧张。当人看到这个动作，就解读为心理紧张，捏了一把汗的意思，如同人们做V字形的手势来庆祝胜利。这种动作所形成的"符号"与前面提到的震动和按按钮的动作既有紧密的联系，又存在着质的差别。前述两个直接来源于生活经验，而后者来自于生活经验的概括。在动画片中，很多动作被设计成这种表意的符号，如角色内心狂喜的时候会搓手掌，角色被惊吓时手脚会伸得笔直，从地上弹起来等。这些表情都被动画片强化成为了一种用以表达心理的符号，尽管都有生活的来源。电影要比动画复杂很多，电影的演员会尽量避免卡通化、符号化的表情和动作，但表示狂喜、惊吓这样的动作总还是要做的，否则观众怎么能够读懂呢？通过分析可以看到，这里提出的动作与电影语言的关系，并非是一个"好的电影制作经验的总结"，而是电影语言的必然，是创作者能够读懂电影，通过电影来表达思想，并且传播给他人的最为基本的心理依据。

关于动作是电影语言的组成部分，这里还有一个重要的论证，可以称之为动作的"干涉性"（如图3-19）。人在解读语言信息的时候，信息只能以一定的顺序逐个录入。就像书写和说话一样，一个字一个字地排列开，虽然有时也有能力同时听两个以上的人说话，或同时看两行以上的文字，但毕竟会让人在录入信息的时候很不舒适，且只能去抓主要的信息。镜头中的动作排列也是如此，对于制作动画片的人来说，感受尤为真切。动画中，在一个景别里，当角色A在表演时，其他角色往往一动不动，当A的表演动作结束的瞬间，角色B或其他人才会马上动起来，表示对A的一种反应。这一方面当然是为了节省动画资源，减少动画工作量。另一方面则是为了避免动作的重叠所产生的干扰。人似乎没有办法同时注意到两个以上的视觉中心（最起码大多数人如此），在读取动作的时候只愿意捕捉最主要的动作信息。当一动一静的两个事物并置在一起时，在第一时间，人很难不去注意那个动的事物。而当所有的元素都在动的时候，人的注意力往往也只能集中在一点上，或对群体的动作进行一种模糊的概括，很难说清具体某个人的动作。比如说一个人山人海的体育场，一眼望过去，很难注意到个别的人在做着什么样的动作，只会捕捉到一个大致的印象。当人群中有一个焦点人物出现的时候，我们也只会注意到他的动作，而忽略掉周围的人物。这与摄影机是有本质的不同的，摄影机会同时记录画面中一切人物的动作，但人却一次性只能注意到总体印象或个别个体。这足以说明我们在依照某种规律读取信

动作的干涉性（A发出动作时，B相对静默）

图3-19 《怪物史莱克》2010

息，这是人类在解读信息时的心理特征，正所谓一心不可二用。在真人表演的电影中，一个镜头内，导演也会有意地避免这样的情况发生，抢戏其实说的就是这种情况。当主要角色表演时，配角不能有过分强烈的动作来干扰，否则会破坏主角的表演和传情达意。这对进行创作很有指导意义，如电影中的角色做了某个一定需要观众注意到的细节时，就必须要防止其他因素的干扰，让周围的角色静默或者干脆就用特写镜头将其他纷扰画面的因素过滤掉，这也是电影里会出现特写这种景别的原因。特写可以将人物表情细微的变化很好地呈现出来，原因之一就是它过滤掉了冗杂的动作干扰。设想在电影屏幕上，几个人在同一画面中同时做出各种细微的表情变化，且镜头一晃而过，观众是很难发现其中哪个人有了怎样的变化的。这也是初学者常常会遇到的问题，初学者认为他把该交代的事物都已经交代了，而观众却无法从创作者提供的影像信息中进行有效解读，造成片子讲不清楚或让人看不懂的情况。另外，创作者在动作的安排上需要注重动作的顺序，一个镜头内会先后出现一到多个动作，动作之间可形成一个语序关系，但动作与动作却不宜重叠，否则词义之间就会形成相互的干扰。

电影的语言系统庞杂而丰富，就动作而言，也有着丰富的内容。动作的表意性不可能都是如此直白，在影片中存在着大量的词义模糊或一词多义的现象，这也非常类似于我们的语言。如汉字中的道、义、节、礼等，词义都丰富且抽象，只有放在具体语境中才能确定它所代表的含义。电影语言也是如此，并非每个动作一定要对应于一个明确的含义，同样的动作在不同的语境中会产生不同的含义。正因如此，电影才可能表现抽象的概念，才被看作是一门真正的艺术。本小节只谈到了每个镜头内的具体的动作对电影的叙述所起的作用，但电影对运动的表现方式不止如此。电影可在一个镜头内表现多个动作，也可在多个镜头内表现一个动作；可以把动作拉长，也可以把动作缩短；可以忠实地再现动作，也可以夸张地表现动作。总之创作者为电影开发了丰富的手段来表现运动，目的就是为了能够更好地传情达意。

二、镜头间的运动

在电影中，不但可以把动作放在一个镜头内来完成，还可以把一个动作分解，放在几个镜头内来完成，即镜头间的运动。

首先先来分析一下动作。动作可以分为三段，即动作的发出、动作的过程和动作的结局。在电影中，可以用三个或更多的镜头来对动作的三段体进行呈现。可以强调动作的"发出"、暗示动作的"发出"；也可以强化动作的"过程"，或者去掉动作的"过程"；还可以偷换动作的"结果"，夸张"结果"等。通过研究会发现，很多情况下电影都是在对动作大做文章。动作的发出、过程、结果似乎还具有某种通用性，A动作的发出可以与B动作的过程及C动作的结果相互连接，在观众的心目中形成一个连贯的动作，这里似乎隐含着"语言的结构"。在这里可以举一个简单的例子：一个学生站在校园的操场上投篮，当投篮的动作发出后，马上接一系列球在空中飞行的镜头，可以接球飞过操场、飞过教学楼、飞过天安门，飞过自由女神、飞过埃菲尔铁塔、飞过珠穆朗玛峰（动作的过程），最后球飞入篮筐。这组镜头通过篮球抛出到坠篮这个完整的动作给了观众一个完整的含义——球飞了好远，如同读完一个句子之后获得了含义一样（如图3-20）。这一组镜头看上去虽然感觉匪夷所思，但给观众的印象却是连贯的动作和完整的含义，这是一个十分耐人寻味的现象。为什么电影中被分开时间和空间的镜头会仅仅因为动作的连贯而顺利地连接在一起呢？很多人把电影的创作分为前期拍摄和后期剪辑两个创作过程，但就观影而言，观众看到的就是一个完全重构了的时空和动作，拍摄的素材只是"造字"的材料，而剪辑师在用素材来遣词造句。前述的案例中，我们看到了类似夸张的修辞方法，这很值得玩味。

图3-20　动作的发出过程和终结

再举一例，用电影的方法表现一个人从甲地到乙地去的情节，通常会按这样的顺序来拍摄：一个人拖着旅行箱上车（动作开始），车在途中行驶（全景、大全景、远景别可能都会用到，时间通常是早上出发，夜晚到达）；最后是车停人下车为止（动作结束）。如果拍摄的话，只需要拍摄一个人提着箱子上车、然后再拍他下车。中间的过程角色完全可以不在车上，只拍一个车辆行驶的过程就可以了。这也可看作是一个"句式"，观众在解读的过程中获得了他们必需的信息，至于有没有角色参与反而不重要了，通过这个句式，观众获得了角色从甲地到乙地的主要信息和全部含义。如果我们认真来解析一部电影就会发现，剪辑师把动作进行了大大小小的分切，动作被切分成碎片，这些动作成为创作者们重构电影语言的材料，被他们小心翼翼地逐个拼贴起来，形成一部完整的艺术作品。

谈到此，大家一定会质疑，电影中有长镜头的存在，长镜头并没有进行动作的重构，似乎是完整的呈现，且具有即时性。而实际上，长镜头无非是精心设计了的动作的重构，用一个镜头连贯地把一个个动作串连起来，最终其依然需要按照动作的发出、过程和结束来设计和安排。有同样质疑的还有蒙太奇理论者，因为经典的蒙太奇理论认为镜头与镜头的碰撞产生了超出画面本身的含义。两个完全不相关的画面可以并置，以产生新的含义，并不存在运动分解之间的关系。在此我提出一个大胆的假说，如果把蒙太奇理解为是人类的"心理动作"，那么一切蒙太奇的实现似乎都找到了一个可解的依据！当然，蒙太奇绝不仅仅是画面的并置，其含义十分广泛和丰富。在此我们可试举著名的库里肖夫效应加以阐述（如图3-21）。库里肖夫的实验最为人们津津乐道，是用同一个表情的注视连接了三个不同的画面（汤盘、棺木和小女孩），得到了三种不同的结果。这个案例一直被作为是经典蒙太奇理论的例证而被广泛引用，然而在我看来这刚好是对观众的"心理动作"关系理论的一个最好例证。人的心理活动也如现实的动作一样，有动作的发出、过程和结局。当观众看到演员莫兹尤辛"发出"注视的动作时，心理预期是他在看什么，看到了什么，接下来给出结果的画面是观众"心理动作"的结束。在这个案例中省去了动作的过程。当动作的发出和动作的结局都呈现在观众面前后，观众获得了这个句式的含义，三个结尾，便出现了三种含义。这与演员莫兹尤辛的心理无关，他只需发出动作即可，他发出了一个关注的动作已经完成了该动作在本"句式"中的功能，接下来的汤盘或棺木，也是句式

著名的库里肖夫实验

一碗汤

还有抱着小熊玩的小女孩

悲伤的妇女趴在丈夫的棺材上

图3-21　库里肖夫实验

构成的一个部分。观众在读取到这个心理动作后,自然就得到了这个句子不同的含义。也许会有人不认可上述说法,认为这不是一个动作的问题,这个动作没有中间的过程。这个动作也不是由一个主体完成的,与前述两个案例有本质区别。但如果非要把这个句式补全,我们可以看到一个成分完整的句式。如莫兹尤辛注视(动作发出),然后他走进(动作过程),最后他端起汤盘、扶住棺木或抱住小孩。这便是一个完整的句式了,但这样做不但提供了必要的信息,也附加了很多限定性的修饰。这样做可以使得动作的含义更清晰,指向更单一,但同时也就缺乏了留给观众的想象和跨度。对于"心理动作"与蒙太奇的关系是个比较复杂的话题,本文暂不做深入讨论。但就动作的连接问题,还会做继续深入的探讨。

　　下面可以再举一例，来说明动作构成"句式"的问题（如图3-22）。在一则索尼的广告中，主人公通过触碰索尼的播放键，使自己拥有了一根心想事成的金手指，当他用手指发出点击动作时，都可以实现一个自己的梦想。举这则广告的目的不是为了探讨它的创意，在本案例中，动作的发出与动作的结果被巧妙组合，形成了一个十分有趣味的意向。这意向并非来自传统的蒙太奇理论，而是完全来自于"句式"的效果。当主人公做点击的动作时，动作发出，需要接一个动作的结果。现实中，主人公向空气点击，不会有任何结果。但电影中，为他接入了一系列的动作的结果，在没有使用特效的情况下让观众看到了神奇的一幕。如：当主人公发出点击的动作后，下一个镜头是一个人突然摔倒；主人公再次点击，出现了一个消防栓喷水的镜头；主人公对着一个美女点击（想脱掉她的衣裳），不幸一个老翁刚好中枪（衣服不翼而飞）。在这个案例中，我们看到，当主角发出动作后，观众期待一个动作结果，这时候，创作者只要提供一个动作的结果，观众就会自动把二者联系起来，不管情节是现实的还是荒诞的，都会为观众所接受。前例中，人的摔倒、消防栓开始喷水、老翁衣服突然消失，都是动作的结果，是观众了解到发生了什么。而这三个动作前都安排了动作的发出，观众便自然把发出与结果连为一体，形成语义。这是一个非常重要的现象，要知道，主人公动作的发出与三种动作的结局没有任何关联，仅仅是一个动作的发出和一个动作的结果。这两件事物的并置不需要向观众做任何解释，所有观众都能够真切地感受到现实中并不存在的联系。是什么把二者的关系紧紧联系在一起？我们来换一种思路，如果用一个镜头来表现二者之间的关系就十分清楚了。

动作的发出和动作的结果　　　　　　　　　　　　　　　　　　图片来自于索尼《金手指》广告

图3-22　动作的发出和动作的结果

图3-23　动作镜头的分解

我们用手推一个人，会把他推倒。在一个镜头中，我们看到了动作发出和动作结果，读到了一个人被推倒的完整的含义。接下来，我与被推者商量好，我们只是做一个推的动作，他就做跌倒的动作，这时我们仍然看到了一个完整的过程，读到了一个完整的含义。接下来把两个人的距离拉开10米，用摇镜头的方式，先拍A发出推掌的动作，然后快速摇到B，B做被击中状倒地，我们仍可以看到连贯的内容。现在把这个单独的镜头切开，转换成第一个镜头A发出动作，第二个镜头B被击中摔倒，含义依然完整（如图3-23）。通过上述分析，可以清晰地解读到动作发出与动作结果的关系以及动作与镜头之间的关系。

电影就是在"动作"上大做文章，夸张动作的发出、动作的过程或动作的结束。如电影中表现火山喷发，一定不会直接上来就看到喷发的火山口，一定要为火山的喷发做足铺垫，如大地震动、石块脱落、泉水沸腾等，这些动作就是一个动作爆发前的准备，是为动作蓄势，是一个把弓箭拉满的过程，拉满的动作一定是为了完成箭射出的动作。在电影创作中，经常会看到从多个角度、运用多种手段为动作的发出进行蓄势的段落。当然也可以在动作的发出后进行多角度、多方位的表现，强化动作的过程；或者用一系列的镜头表现动作所造成的后果。电影正是依靠这种手段对镜头记录的真实的事件进行夸张和变形，进行艺术的再度加工和创造。否则镜头与实物之间只能是一一对应的关系了。为了让大家能够更生动地感受到动作各个环节的夸张效果，在此给大家提供一个片例《国产凌凌漆》。这部电影虽不算是电影史上的佳作，但在动作的分解和组合方面比较典型，适宜作为范例来进行研究。先来看电影的第38~40分钟这个段落，表现凌凌漆歼灭劫匪的情节。在这个段落中，凌凌漆从被挟制，到拔刀歼匪的过程，是一个典型的由动作组合成的"句式"，这个过程本是瞬间完成的，但在电影中却可以对其进行充分的表现。前期劫匪杀人抢劫，毫无人性的动作已经开始为凌凌漆复仇的行为做了良好的铺垫，直到第38分钟，凌凌漆正式启动了复仇的动作。从镜头推向刀柄，到刀光一闪这样的镜头都是在为手起刀落做铺垫。后面扔飞刀的过程也是典型的"三段式"动作，在表现中间过程时，镜头并没有直接刻画飞刀的飞行，而是运用了植物被狂风吹动的动作作为反衬，这同样起到了表现过程的作用，还包括人物对其动作的反应，动可以视为是动作的中间过程，在动作的结果出现之前，影片中加入了许多反衬的镜头，有意拉长动作的中间过程，这可以让动作的结果更具有吸引力（如图3-24）。通过本案例可以看到，夸张动作的三个段落的手法是多种多样的，既可以靠直接展现运动物体，也可以靠展现围观者的反应来强化动作的表现，如同使用不同的修辞方法来进行修饰句子中的各个部分一样。

图3-24 动作过程分析《国产凌凌漆》1994

在实际电影创作中，动作的运用是十分自由和多意的。有的动作既可以作为动作的结果，又可作为下一个动作的发出。而且在运动的连接中，还经常会把影像上的运动与观众心理的动作进行组合，或是把整个心理动机表现为一系列动作的连接。总之，动作是电影的一个十分显著的特征，电影中几乎没有一个镜头不包含运动元素，一个纯粹静止的镜头往往会从电影的播放中跳跃出来。但同时我们也应该看到，动作在电影中的表现又是十分丰富的，这些运动包括角色的运动、物体的运动、光影的运动，同时还有摄影机的运动，多种的运动形式交织在一起，形成了电影绚丽的篇章。

三、镜头的运动

镜头的运动是最为迷人的电影语言之一，正因为有了镜头的运动，才使得电影语言酣畅淋漓、富于美感。同时有了镜头的运动，才让观众的心理与电影的画面更加趋近。下面就来了解一下镜头运动的奥秘。

镜头在诞生之初一直都是固定在一个位置对被摄对象进行拍摄的，类似于观众坐在观众席上观看，但电影是与戏剧完全不同的艺术形式，观众通过黑白、无声的画面无法获得在戏剧中获得的感受。但人们对这种新生的影像艺术又有着一种格外的好感，它似乎天生与人们的认知和梦境十分合拍。于是电影逐渐出现了景别这个概念，创作者用画框对信息进行了主观上的控制，这样充分调动了观众的注意力，让观众可以通过景别的大小变化来解读创作者的意图，从而形成真正的电影。是景别的变化把电影与其他一切艺术形式区分开来，景别的变化是电影最本质的特征。不论是爱森斯坦把银幕看成是画框，还是巴赞把屏幕看作是一个窗子，或者是麦茨把银幕看成是一面镜子，都无一例外地强调了"边际"的属性。"边际"的意义在于其限定和选择的作用。景别提供给观众用以凝视的内容，在拉康看来，"凝视"不是一般意义上的观看，眼睛是欲望的器官，它观看它想看的内容，而对其他的存在视而不见。景别经过创作者的组织和筛选，只提供给观众想看的内容，而把其他无关紧要的信息剔除掉了。这样可以让观者在观影期间一直能够保持"凝视"的状态。同时，让观众与电影中的角色和视角实现同化，让观者亲眼看到自己的梦境。

但在创作中，电影工作者们发现只靠固定镜头完成的景别变化不能够完全表现人的意识活动。为了惟妙惟肖地与人的意识过程相贴合，电影创作者们对景别的变化进行更进一步的尝试。在创作中，导演一方面通过演员的调度来实现景别的变化；另一方面尝试着移动摄影机，让景别产生变化。这样尝试为电影的创作找到了一条全新的创作道路。它让景别的变化不再是被动地控制观众的注意力，而是让景别之间无痕的变化成为引导观众注意力和思维的重要方式，让电影拥有了完整的语言体系。当然运动的镜头经历了一个缓慢的发展过程，直到21世纪初，运动镜头还在出现新的运动形式。如Motion control、全景摄像机等。大量的特技也被投入到关于景别转换的效果上来。这些不断地努力尝试就是希望能够制造出更加新颖，更符合人的心理规律的景别的转换方式，进而形成新颖的电影表达风格。但在这里必须强调一点，摄影机的运动是为景别的变化而产生的，最终也还是会落到为景别而存在的理由上来。换句话说，摄影机的运动，是为景别的变化而服务的。

根据麦茨的理论，观众在观影的过程中要经历两次与电影的同化，第一次同化是观众与影片中的某一人物的目光的同化；第二次是与摄影机视点的同化，摄影机的视点就是观众的视点。摄影机是观众眼睛的延伸，它可以同时操控影片中的人物和观众的心理，观众是跟随着摄影机的视点进入到梦境世界的。同时，观众在银幕上看到的仅仅是"想象的能指"，观众是通过银幕上的幻影而获得了自己"在场"的体验。反过来，对于创作者而言，创作者只有将摄影机的视角预设为观众的视角，并模拟观众的观影心理（通过景别、角度和摄影机的运动），才能够为观众提供进入幻境的条件。要做到让观众认同摄影机是自己的视点，甚至察觉不到摄影机的存在，创作者就必须要了解摄影机的运动与观众的心理机制的联系，体验不同的运动效果与观影心理之间的关系。下面对基本的镜头运动进行阐述。镜头的运动与观影心理过程的关系并非一成不变，下文只是列举最为常见的案例。

1. 镜头的推进

镜头的推进实现的效果是从一个全局的景别向一个局部景别的转换过程。它在电影中表现为两种方式，一种是依靠变焦镜头来实现，另一种是物理推进摄影机与被摄物体来实现。通常情况下，两种方式可以表现出共同的含义，如：①从环境中发现个体；②从不注意变为注意；③满足好奇心；④对细节进行强调和揭示等（如图3-25）。具体到电影中，运动镜头的含义十分丰富，不可能做到一一列举。下面先来看一下第1个内容：从环境中发现个体，是最为常见的运用，与人平时的注意规律十分相近。镜头推进的过程，实际上是一个逐渐排除其他信息的过程，镜头可以引导观众的心理从众多信息中逐渐剥离掉无用的信息，进而明确地指向其中一个个体。具体案例如我们从一群人中发现了其中一个人物。第2种情况与第1种类似，但作用略有不同，它可以起到提醒的作用，通过镜头向被摄物体推进，引起观众的重视，进而让观众注意到创作者希望其注意的信息。第3种情况常被用来交代细节，满足观众的好奇心。观众在电影中是一个全知全能的所在，观众需要了解到的细节，必须给予充分的满足。这种满足常常超过现实的范围，是人的一种窥探欲的满足。第4种情况，用镜头推进的方式模拟人的注意力的集中，并把被摄物逐渐推进到人物视觉中心，有比较明显的强调作用，让一个本身没有意义的事物在故事中凸显出它的"含义"来，对剧情的进一步发展起到揭示性的作用。

推镜头的效果

从群体中发现个体

细节满足观众好奇

图3-25 推镜头的效果

镜头的推进与变焦拉近的效果在很多功能上是类似的，但镜头的物理运动会带来空间透视的变化，这是变焦实现不了的效果，这种空间透视的变化可以产生一种十分真切的逼近对象的感觉，可以给予观众真实的空间拉近感，镜头具有明显的运动感，是角色向被摄物体物理上靠近，而非仅仅是心理上的靠近。从这一点上来看，传统的二维动画片与电影其实还是有很大的区别的。尽管很多二维动画片在极力地模拟镜头推进的过程，但本质上还是一幅平面绘画的放大的过程。在三维动画中，有了虚拟摄影机的存在，让物象的变化更加趋近于现实，产生了真实的空间感和透视感。同时虚拟的摄影机几乎没有任何条件的限制，可以在空间中自由自在地移动，这给了人们很大的惊喜，让人们体验到了从来不曾体验过的空间感受。这个特点体现出变焦和推进之间本质化的差异。

2. 镜头的拉开

镜头拉开的效果同样也有几种常见的含义，注意所谓常见的含义不是绝对的含义，不必奉为金科玉律，只是常见的手段而已，给大家一个切入的思路。

镜头的拉开可以表现的主要情节有：①从具体的故事中脱离出来；②让角色融入环境；③揭示答案（抖包袱）的作用；④为角色提供释放情绪的空间（如图3-26）。第1种

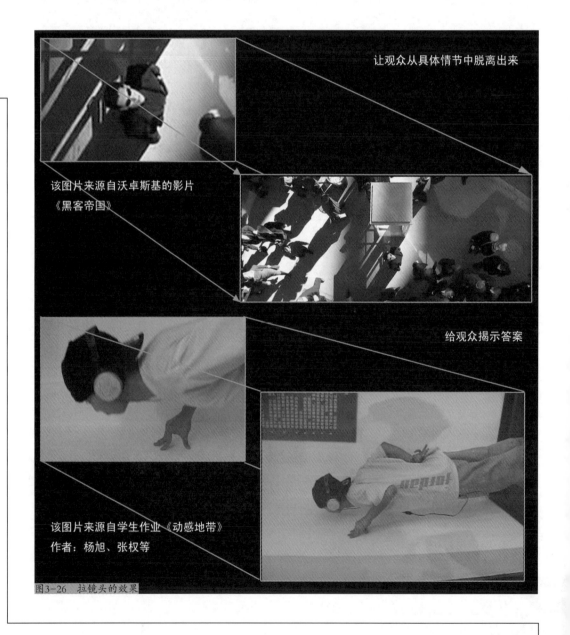

图3-26 拉镜头的效果

情况最为常见，从现有的一段情节中逐渐拉开，会产生渐行渐远的效果，让观众产生一种脱离的幻觉。这与人们的日常生活经验极为相似，如有人在路上看到了一段"热闹"，看了一会儿觉得了解情况了就会离开，随着与事发地点渐行渐远，这一事件也逐渐从他的注意力中消失和转移。因此在影视剧中，经常采用这种方法来作为段落的结束。随着景别内逐渐涌入越来越多的新的信息，原来注意的焦点自然而然就会被冲淡。在一个相对较大、内容较为丰富的景别内，人的注意力很容易就会发生转移，这个问题十分值得强调，一部电影可以让人持续保持近两个小时的注意力，其实是一件十分神奇的事情。现代的电影理论多半是以经典影片为假想对象来进行分析的。其间并不涉及影片的制作水准的问题，都是默认为观众可以轻易被电影带入梦境。其实，在实践中可以发现，要做到能真正把观众带入梦境，让影片成为"镜子"，并不是一件轻松的事情。观众的注意力没有那么容易就范，不符合人的心理认知过程的镜头运动方式极容易把观众从梦境中唤醒，观众随时会注意到自己身处一个黑屋子里面，而前面的墙壁上晃动着一些影子。麦茨就谈到创作者避免演员直视镜头的问题，指出这样会暴露摄影机的位置，打破幻境。其实运动镜头也是如此，不合理的运动很容易把摄影机暴露出来，摄影机会让观众感受到演员和拍摄地点的"不在场"，继而发现银幕是幻想。但摄影机的运动如何符合观众的视觉心理，这却不只是一个技术问题，而是一个技术与艺术结合的问题。它既与观众的理解习惯有关，又与情节的需要有着密切的关系，甚至还与艺术家的艺术风格、语言风格有关系，如戈达尔的"跳切"即是如此。因此前面的列举并非是"万能"法则，仅仅是影片中出现过类似的情况而已。第2种情况，让角色融入整体环境之中。这种效果电影中也会较为频繁地使用，它通常用来交代人与环境的关系，让我们跳出个体，看到个体如何存在于环境之中。在丹尼·博伊尔拍摄的《贫民窟中的百万富翁》一片中，有许多镜头拉开效果的运用。其中有一段交代贾马尔年幼时，在贫民窟中被警察追击的戏，有一组让角色融于环境的镜头，这里用的虽然是分切，但却是镜头拉开的含义。创作者用了次第拉开的4个景别（如图3-27），把贾马尔童年的生活环境（其实是现代印度贫民窟的环境）做了让人震撼的呈现。这不是一个普通的剪切镜头，而是用剪切的方法表现镜头拉开效果的一组镜头，在这一组画面中，镜头的拉开起到了交代人物生活背景的作用。同时，用顿挫的拉开方式，把贫民窟的现状做了有力的强化！它起到了单纯的镜头拉开所不能完成的作用。之所以举这样一个案例，其实就是想说明电影的艺术手法是无一定法的。关键取决于对镜头含义的深入

景别渐次拉开的效果　　图片来源自丹尼·博伊尔执导的《贫民窟中的百万富翁》2008

图3-27　景别渐次拉开效果《贫民窟中的百万富翁》2008

思考和创造性运用。镜头的拉开，其本质是景别的扩大，融入更多信息，让原本处于画面中心位置的角色逐渐隐退于环境中，成为与其他元素并置的内容，让观众从注意角色转而去注意环境，从而实现注意力的迁移。第3种情况，揭示或抖包袱的作用。这也是电影中十分常用的艺术效果，它充分地利用了电影的"部分真实"和"部分时空"的艺术特性。电影并非是一个真正的三维空间，只是二维平面中的三维假象，是隐藏在一个景别中的运动，观者只能看到部分空间，画框之外的空间其实并不存在。因此才会出现电影中观众看到了一种情形，但等镜头拉开后，却是另一种情形，观者恍然大悟，原来自己是被局部的镜头所欺骗了。在上面提供的学生作业中，一开始，观众以为画面中的男孩是在做单手的俯卧撑，镜头拉开后观众才发现，原来是男孩在对着墙壁做单手支撑，并不是在做单手俯卧撑！这种镜头是典型的电影艺术手段，在现实生活中是不可能产生出这种误会的，观众观看电影时并不觉得不合理，而在现实生活中却完全不会出现这种情况，观众在看到角色锻炼的同时，也就知道了他们所处的情况了，并不存在揭示的过程，这里我们可以充分地体会到电影中的空间仅仅是"部分真实"而已。揭示或抖包袱的镜头运用，经常出现在广告里面，广告充分利用这一艺术手段来制造意想不到的广告效果。这种方法的要点就是通过局部产生歧义，再通过整体来揭示答案，是一种非常有趣味的镜头设计。第4种情况，是为角色提前准备出释放的空间。在电影中，当角色在下一步的活动中需要更为开阔的景别时，常常会利用这种效果，用镜头拉开的方式，为角色提供一个情绪或活动将要释放的空间，在这个全景甚至远景的画面中，角色下一步的活动全部可以被囊括进这个空间之中。如角色的大声呼唤，需要一个巨大的空间来释放。再比如要表现角色瞬间的变化，从一台车变成一个巨大的机器人等。这种镜头的效果也可以充分说明电影的空间其实是"人工"制造的空间，它的大小完全是按照剧情发展和情绪的需要来进行拓展的，必要时可以从一个特写拉开进入到太空世界。在镜头拉开的过程中也存在着变焦和镜头运动两种方式。变焦更接近二维的缩放，而镜头运动是三维的空间运动，给观众以真实的空间感。

3. 摇镜头

摇镜头是将摄影机安置在一个固定的位置上，进行从左至右或从上至下的摇摆，或反方向进行亦可。摇镜头在电影中常常表现为：①注意力的转移；②模拟人物头部运动；③跟拍运动的物体；④介绍环境的作用；⑤呈现主题的作用。下面来说说第1种情况，注意力的转移（如图3-28）。电影中常常能够看到这样的情境，一开始，角色的目光在注意物体A，之后忽然一个新的事物出现吸引了角色的注意，镜头从A摇向B，可以很好地表现这种人物注意力的转移。上下或左右运动都可以体现这个效果，这与人的注意力带动人的视觉转换的原理基本上是一致的。比并置两个剪切镜头更符合人的心理过程。第2种情况正是如此，用摄影机来模仿人物头部的运动，比如表现汽车从人的左侧驶来，经过角色，又从人的右侧驶出这个情景时，摄影机就是模拟了人的头部运动的结果。再比如，在电影中经常会表现人物第一次出场的情景，往往会先从人物的脚部拍起，慢慢摇向人的头部，这与人打量一个人的情境十分相似，这个过程让摄影机代替了观众来对角色进行打量，模拟了人抬头打量的动作。第3种情况是跟拍运动的物体，跟拍物体有摇、移动、手持、升降等多种方式。摇是其中最为简单的一种，摇镜头可以在摄影机的有效摇动角度内跟拍物体的运动状态，同时表现空间的变化。摇镜头可以使得运动状态的物体较为稳定地出现在画面当中，尽管不能够做到一成不变地呈现，但物体的主要运动状态均可以得到有效记录。同时可以让物体通过调度在镜头内产生大的透视变化，形成丰富的空间表现。第4种情况，介绍环境，摇镜头非常适合像展示画卷一样向观众展开环境的介绍，用摇镜头的方式，观众可以建立起一个相对开阔的视野，做到对周边环境风貌的概括性介绍（如图3-29）。同时摇镜头可以让静态的物体在画面中呈现动态的效果，更容易引起观众的注意。这也是一个非常有趣味的镜头与人的视觉心理的关联，如直接拍一条长绳子在那里，恐怕没有观众会有耐心观察，但如果用摇镜头或移动镜头的方式，从绳子的一端拍起，镜头徐徐向另一端移动，观众就会跟随摄影机的运动而把绳子从头打量到尾。因此，运动的镜头对静态物体有表现作用，它可以很好地引导观众的注意力。第5种情况，呈现主题的作用。摇镜头常常在电影中用来交代重点或呈现主题，这同样也与人的注意力有关，人的注意力有一定的滞后性，这在电影中往往表现得比较明显。比如通常情况下，镜头都不会一开始就对准要呈现的物体，因为这样往往来不及引起观众的注意。通常都是让镜头对准一个无关紧要的物体，然

摄影机向上摇，模拟人的目光

图3-28　摇镜头模拟人的目光运动

图3-29　摇镜头展现环境

后将镜头摇动至导演要强调的主题内容上来。如交代一个城门上的匾额，镜头往往从蓝天白云这样的辅助画面开始，慢慢摇至导演要表现的中心内容——匾额（如图3-30）。这种效果通常都会比一上来就对着匾额拍，停留一段时间要好。人的眼睛是不太喜欢静止的内容的，在电影中尤其如此。电影中很少看到这样的画面：镜头不动、镜头内的物体也不动，像是在电影中插入了几张图片。如果有这样的镜头，它们会立刻从电影中跳跃出来。在电影中，表现静态的物体往往会使用动态的镜头，要么逐渐靠近物体、要么轻轻地移动镜头，让视线缓缓从景物身上划过，总之很少用静态的镜头表现一个绝对静态的画面。这是动态镜头产生的一个重要原因，也是电影的重要特征之一。

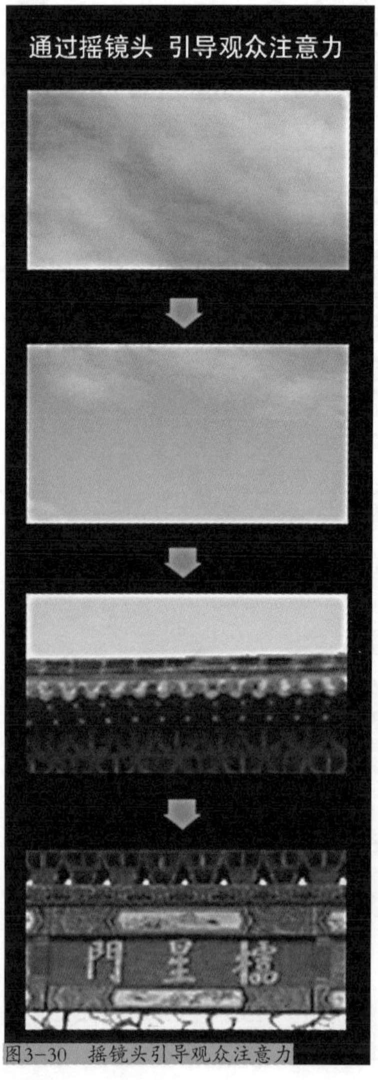

　　4. 移动镜头

　　在电影中还有一类非常有特色的镜头运动方式，是移动镜头。移动镜头可以分为轨道移动镜头、手持移动镜头和升降镜头等。在动画片中，这些运动方式的差异并不存在，虚拟的摄影机，在运动的时候根本不会存在现实生活中的各种障碍，因此在运动的表现上更加随心所欲，镜头在三维动画中得到了完全的解放。但三维动画的电影语言在很大程度上模拟了实拍电影的摄影机的运动，这样在欣赏的过程中，似乎更符合观众日常的观影习惯。运动镜头的一个最为主要的功能就是呈现运动，运动可以分为两大部分：一种是表现对象的运动；另一种是表现视点的运动。在三维动画中，由于没有了现实条件的限制，创作者十分钟爱运动镜头。如让摄影机跟随一只飞跃中的棒球，或是让摄影机表现一只快速奔跑的老鼠。不管物体运动状态是多么的激烈，均可以用稳定的画面将其呈现出来。这样可以充分地满足观众的好奇心理，大大地拓宽了人类的观察能力，并通过观察到的场景的透视变化来感受"飞翔"般的感觉。皮克斯著名的动画长片《料理鼠王》中有一段十分精彩的运动场面（如图3-31）。摄影机跟随小老鼠一直从下水道爬上住宅的房顶，最后整个巴黎市区的全景呈现在观众的视野之中。这是一段行云流水般的运动镜头，在这一整段镜头中，观众如同一个精灵一样，一直陪伴在老鼠小米的身旁，洞悉它所遭遇的各种情况，每一个环节都如同一个亲历。能实现这一运动效果完全有赖于三维技术的成熟，现实生活中虽然有了MOC等运动控制设备，但要实现这一镜头仍然存在着很大的难度。在运动的镜头中，角色一直处于高速的运动状态，但由于摄影机与运动物体保持

通过摇镜头　引导观众注意力

图3-30　摇镜头引导观众注意力

着同步的运动，因此，角色往往在画面中呈现出一种相对稳定的状态，便于让观众更加仔细地观察其运动的状态。同时，角色的背景往往呈现出较大幅度的运动，空间的透视处于不断的变化之中，从而产生丰富的画面效果。早在1977年，在电影《星球大战I》中，卡梅隆就利用摄影机在丛林和峡谷模型中高速运动为观众营造了紧张刺激的急速穿越的效果，为观众呈现了前所未有的视觉刺激。今天，随着电脑技术的成熟，各种运动镜头已经成为电影中的家常便饭，这使得电影中的空间已经完全突破了物理空间的限制，成为完全贴合人想象的梦的空间。我们可以完全如一只鸟雀一样自由自在地在空间穿行，不会有任何物理束缚，任何障碍物都可以在运动的过程中自动地消解，如墙壁、窗户、地板、岩石等，这使得观众的视角更加贴近于全知全能的上帝。然而不是说有了自由运动的镜头，我们就不再需要镜头的剪接这样一种看似原始的电影语言。其实大部分情况下，我们仍然还在依靠最传统的剪辑手段，因为在电影中，我们并不需要处处都以表现流动的空间为主要目的，随意运动的镜头会产生大量冗余的信息，与电影所要表现的内容没有任何关系，反而会对电影的主题有害。在初学者的三维动画片中，经常能够看到随意移动的摄影机，摄影机的运动并没有任何的表现意图和重点，完全是一种无意识的镜头运动。这种情况常常会让观众忽略掉重点信息，获得大量与主题不相干的内容，让观影者无法得到有效的信息。可见，摄影机的运动是为电影的主题服务的。

下面我们来看运动镜头之于电影有着哪些显见的含义：①运动镜头往往与长镜头的含义重合，是长镜头的主要表现形式；②长镜头与电影时空的完整性；③运动镜头使得景别的转换更加富于创造性，体现电影的镜头语言的美感；④梦境偏爱连续的时空感受。首先来看第1种情况，长镜头的概念。1945年，法国电影理论家巴赞根据自己的"摄影影像本体论"提

移动镜头表现运动及场面调度

图3-31　运动镜头《料理鼠王》

出与蒙太奇理论相对立的长镜头理论。长镜头通常是指对一个空间连续不间断地表现，保持运动的完整性。实际上就是长时间拍摄的、不切割空间的、保持时空完整性的一个镜头。一般情况下，一个镜头内含有三个及以上完整的动作。长镜头由于时空统一、连续，给人以较强烈的真实感和现场感。长镜头强调电影的本体论，强调电影与现实之间的关系，追求纪实风格，反对影片叙述者对观众人为的引导和干预，不用强迫性的手段代替观众进行选择，把更多的选择权利留给了观众。他们认为蒙太奇艺术只能加深这种地位的荒唐性与欺骗性，始终使观众处于一种被动的地位。而长镜头理论出于对观众心理真实的顾及，则让观众"自由选择他们自己对事物和事件的解释"。这个理论影响了整整一代人。特吕弗是巴赞的忠实弟子，他说过一句非常著名的话："没有正确的画面，正确的只有画面。"同为法国新浪潮旗手的戈达尔也有过相关的言论："电影就是每秒钟24格的真理。"这些都是在为巴赞的长镜头理论摇旗呐喊。长镜头除去时空连续性之外，还有一个较为明显的特征就是摄影机的运动。摄影机的运动一方面是为了能够更好地记录连续的时空，另一方面是因为运动的影像才能更好地模拟人的视线。因此在新浪潮时期的电影中，经常能够看到运动的摄影机和不加分切的镜头，形成独特的电影面貌。这些影片的风格服务于电影本体论的理论体系，但无法服务于动画的艺术创作，动画再怎样去描摹现实，它也不是摄影作品，它与现实永远也不是摄影与现实之间的关系。因此巴赞的长镜头理论让动画电影人无从适用，动画电影被排除于电影艺术殿堂之外。随着新浪潮思潮的尘埃落定，人们重新审视电影是什么的时候，不再执着于巴赞和克拉考尔及等人的电影本体论，而是从一个新的精神分析的视角来重新审视电影，给电影以更为宽泛的艺术空间。长镜头作为一种独特的电影语言被保留了下来，动画电影常常假借这样一种风格，来使影片获得某种纪实的感觉，让动画的时空忽然有了一种前所未有的"即时感"。如大友克洋、押井守、金敏等人的动画作品，借助长镜头的影像语言，展现了一种类似"实拍"电影的面貌，为动画增加了新的艺术表现形式。

下面我们来谈谈第2个问题——长镜头内完整的时空再现。在电脑技术还未大量介入到电影中以前，在一个连续的镜头内部是很难进行特技处理的，因此观众们往往对一个镜头内拍摄下来的完整时空内容深信不疑，认为在这段真实的时间和空间内，在众目睽睽之下发生的事情是不可能造假的。且电影中的每一秒钟跟现实也都是呈对应关系的，电影在放映时与观众的时空是一种同构的关系，它不会像蒙太奇手段那样偷换空间的概念。打个不太恰当的比方，比如我们在看监控录像里面发生的一起惨烈的车祸画面，尽管它不像电影中表现得那么花哨、血腥，但观众们都知道，这是一段真实的影像，这种真实给观众带来的震撼和刺激胜过一百部劲爆的大片。尽管只有一个镜头，时间也非常的短促，相信很多人都不愿意再看到第二遍了。这就是纪实影像的力量，它把一段真实的时空从当时当地截取下来，在异时异地的观众面前再现出来，让本不在场的观众出现于惨祸现场。上述例子虽然不够恰当，但它可以直白地让我们感受到纪实影像非同于蒙太奇手段的美学意义之所在。然而这是在电脑技术没有全面介入到电影之前的那一段特定时期，长镜头影像所具有的美学意义。换句话说，就是大家都公认长镜头影像无法造假的这个特定时期，影像才具有如同目击证明材料般的美学意义，这也是任何非摄影所不具备的美学价值。然而，随着电脑技术大量介入到电影当中来，现在已经没有了人工不能干涉的影像记录。在运动的长镜头中，创作者可以按照主观的想法任意加以改动和修饰，影像的纪实性可以说已经荡然无存了。

在这种情况之下，人们把注意力更多地转向了运动镜头所呈现出的电影语言的美感，我们要谈到的第3个话题正是如此。镜头的分切如同短小的句式，如果一篇文章通篇都是这种短小的句式，必然会缺乏相应的美感，尽管也可以不折不扣地把要表达的信息交代清楚。电影的运动镜头，尤其是以移动镜头为主的长镜头是电影中优美的句式。这里面可以凸显出创作者匠心独运的"语言"天赋，让观众的视觉体验更为流畅。如果可以用书法来做比喻的话，运动镜头有点像中国的行书和草书的风貌，行云流水、主次有序、信息量丰富。运动镜头主要是用来不动声色地实现景别的转换，配合镜头内的演员的调度，让整个镜头变化出无限的变化。如果我们把运动的镜头分解成分切的镜头，叙述可以同样进行，但景别间无缝转换的美感就消失了，如同一气呵成与小心描摹的区别一样。移动镜头为视角提供了丰富的视觉变化，它让观众不再固定在一个位置上，而是拥有了一双自由穿越的翅膀（如图3-32）。当然移动镜头不仅可以改变景别，同时还可以改变画面透视的角度，改变观众的视角，升降的摄影机运动主要就是用来制造视角的变化。电影中视角体现了丰富的创作内涵，前面的章节已经谈到。让视角变化得自然流畅，也是创作者追求的目标。真实的拍摄过程需要运用大型的机械设备，如摇臂、升降车，等等。在三维动画中这些障碍则完全不存在，创作者可以自由使用。但自由使用不等于随意使用，电影发明上述复杂的机械设备一定是为了完成某些人们心理需要才被制造出来的，因此必须要认真思考，电影镜头的移动和升降等运动到底带给了电影什么。当然镜头的运动不但实现了景别和角度的流畅变化，它更深层的目的是为了符合观众的心理活动。

下面我们再来谈第4个话题。镜头的运动与梦境的形成。人的意识是不间断地流动的，被称之为意识流。"意识流"一词是来源于心理学的词汇。美国机能主义心理

图3-32　优美的长镜头设计《美国往事》1984

学先驱詹姆斯创造出意识流（stream of consciousness）这个词，用来表示意识的流动特性：个体的经验意识是一个统一的整体，但是意识的内容是不断变化的，从来不会静止不动。人的注意的兴奋点被外界事物吸引而不断转换，意识是从一个兴奋点平滑地转向另一个兴奋点。心理学家把意识流的形成归类为内部因素和外部因素两个大类，之后又对内外两种因素进行了更为细致的分类。电影作为外部输入的因素对人的意识流的形成会产生十分值得研究的现象。连续的不间断的影像十分容易让观影者陷入深深的幻觉之中，脱离现实的环境，产生"灵魂"的体验。这也是电影创作者追求镜头流畅的运动效果的主要原因之一，电影因有了镜头的运动而产生了美感，无论电影还是动画片都可以被看作是一部关于运动的交响乐。

还有一类特殊的镜头运动——变焦距。通过焦距的变化来转化观众的注意点，在电影中也是常用的艺术手段，通常被归入镜头运动一类，在此不做赘述。

以上对电影中的运动做了较为深入的论述，电影丰富的运动形式是作为一个电影工作者需要着重研究的内容。在电影中，镜头内的运动、镜头间的运动和镜头的运动往往会交织在一起，形成复杂的混合体，让观者不能孤立地看待某一个镜头或动作的绝对意义，正如看待上面罗列的各种运动镜头的含义一样。在创作和影片的观摩中，我们可以时刻保持对运动画面的敏感，通过自己的观察发现电影中那些隐藏在动作背后的密码。

结语

　　本书与以往的动画前期设计书籍有所不同，没有把太多的精力放在如何指导大家绘制分镜头及绘制角色、场景、道具等内容上，而是用了十分大的篇幅描述了角色、场景、道具、镜头等这一系列内容与动画片或游戏的关系。尤其是它们在电影语言中所起到的作用，我想这些内容是真正做好一部动画的重点。做动画的朋友长期存在着一个巨大的误区，那就是认为动画是画出来的，或者动画是三维动画师电脑制作出来的，其实这是一个巨大的误解。我们应该首先把动画看成是一部电影，它是使用电影的语言在叙事，绘画或三维只是它的一种呈现手段，这种手段是可以变化的，但电影语言的构成却是有规律的，需要我们对其进行严格的训练和把握。朋友们在了解动画的前期创作时，切不可把这个过程简单地理解成是一个绘画的练习过程，否则永远都没法真正地步入电影艺术的殿堂。当然动画片需要扎实的美术功底，本书对角色设计的剖析有一定的新意，希望朋友们能认真阅读，并尝试本书给大家提供的方法。关于场景设计方面，本书展开不是很充分，因为这部分内容量巨大，如果展开说的话恐怕单单场景就可以构成一部书了，但其方法与角色设计是一致的，优秀作品的积累必不可少，大量地勾画草图也是进步的重要途径。关于道具的设计内容，本书讲解得不多，但关于道具之于电影的意义讲述得十分仔细，这也是我个人最有心得的章节之一，希望朋友们能够仔细阅读，相信一定可以帮助大家打开创作的思路。关于分镜头脚本设计这一块，没有讲解用什么分镜头纸张、如何去标识镜头号、场景号之类的问题，我认为这些东西根本不需要讲，真正地理解和掌握视听语言比什么都来得重要。分镜头设计这个章节，仅仅谈了三个大家在着手考虑创作时最先遇到的问题——景别、角度和镜头运动。本书讲述的上述内容和以往的分镜头书籍完全不同，通过剖析可以真正让大家明白到底什么是景别？景别、角度之于电影到底有何意义？在工作中，我经常会遇到一些分镜头的绘制者对故事的讲述根本没有概念的现象。他们可能画功非常扎实，可以画很多很刁钻的视角，但最可怕的是，他们不知道为什么要用这样的摄影机视角，镜头为什么要推拉和移动。所以画出来的分镜头台本根本没有故事的感染力，甚至连最基本的叙事都不能够完整、流畅地述说，这其中最大的问题就是对电影语言知识的缺失。本书对镜头的运动部分进行了详细的展开，对构成电影的最基本的单位——运动进行了详细的剖析，让大家清楚地看到了电影叙事的最本质的方式。当然，电影语言的内容非常丰富，远不是本书可以容纳下的，还有很多概念，如电影的时空、主观镜头与客观镜头、电影蒙太奇、电影剪辑、轴线等，不能——涵盖于此了。大家有机会还可以从多种渠道获得相关知识，我能做的就是尽力把本书的内容生动地展示给大家，但愿本书可以为您进入电影艺术的大门贡献一点微薄的力量，希望早日看到广大朋友的优秀作品！